国家电网有限公司
STATE GRID
CORPORATION OF CHINA

U0158802

国家电网有限公司
技能人员专业培训教材

输电带电作业

国家电网有限公司　组编

中国电力出版社
CHINA ELECTRIC POWER PRESS

图书在版编目（CIP）数据

输电带电作业/国家电网有限公司组编. —北京：中国电力出版社，2019.8（2023.3重印）
国家电网有限公司技能人员专业培训教材
ISBN 978-7-5198-3517-0

Ⅰ．①输…　Ⅱ．①国…　Ⅲ．①输电线路–带电作业–技术培训–教材　Ⅳ．①TM726

中国版本图书馆 CIP 数据核字（2019）第 169643 号

出版发行：中国电力出版社
地　　址：北京市东城区北京站西街 19 号（邮政编码 100005）
网　　址：http://www.cepp.sgcc.com.cn
责任编辑：刘　薇（010-63412787）
责任校对：黄　蓓　闫秀英
装帧设计：郝晓燕　赵姗姗
责任印制：石　雷

印　　刷：廊坊市文峰档案印务有限公司
版　　次：2020 年 4 月第一版
印　　次：2023 年 3 月北京第二次印刷
开　　本：710 毫米×980 毫米　16 开本
印　　张：10.5
字　　数：199 千字
印　　数：2001—2500 册
定　　价：32.00 元

本书编委会

主　任　吕春泉

委　员　董双武　张　龙　杨　勇　张凡华

　　　　王晓希　孙晓雯　李振凯

编写人员　何晓亮　蒋建平　袁忠东　王玉彬

　　　　李鸿泽　曹爱民　战　杰　程　涛

　　　　杜　森

前　言

为贯彻落实国家终身职业技能培训要求，全面加强国家电网有限公司新时代高技能人才队伍建设工作，有效提升技能人员岗位能力培训工作的针对性、有效性和规范性，加快建设一支纪律严明、素质优良、技艺精湛的高技能人才队伍，为建设具有中国特色国际领先的能源互联网企业提供强有力人才支撑，国家电网有限公司人力资源部组织公司系统技术技能专家，在《国家电网公司生产技能人员职业能力培训专用教材》（2010 年版）基础上，结合新理论、新技术、新方法、新设备，采用模块化结构，修编完成覆盖输电、变电、配电、营销、调度等 50 余个专业的培训教材。

本套专业培训教材是以各岗位小类的岗位能力培训规范为指导，以国家、行业及公司发布的法律法规、规章制度、规程规范、技术标准等为依据，以岗位能力提升、贴近工作实际为目的，以模块化教材为特点，语言简练、通俗易懂，专业术语完整准确，适用于培训教学、员工自学、资源开发等，也可作为相关大专院校教学参考书。

本书为《输电带电作业》分册，由何晓亮、蒋建平、袁忠东、王玉彬、李鸿泽、曹爱民、战杰、程涛、杜森编写。在出版过程中，参与编写和审定的专家们以高度的责任感和严谨的作风，几易其稿，多次修订才最终定稿。在本套培训教材即将出版之际，谨向所有参与和支持本书籍出版的专家表示衷心的感谢！

由于编写人员水平有限，书中难免有错误和不足之处，敬请广大读者批评指正。

目 录

国家电网有限公司
技能人员专业培训教材 输电带电作业

第一部分

带电作业技术标准

第一章

输电带电作业规程、规范和标准

◢ 模块1　带电作业相关标准和导则（Z07C4001Ⅱ）

【模块描述】本模块包含带电作业工具设计、试验，带电作业操作导则等相关国家标准、行业标准和国家电网有限公司企业标准。通过条文解释，熟悉和掌握带电作业术语、带电作业工具基本技术要求与设计导则等国家标准，绝缘绳索类工具、绝缘配合导则等行业标准，带电作业技术管理制度等国网企业标准等内容。

【模块内容】

为了确保带电作业安全，我国发布了很多规定。安全规程是带电作业从业人员都熟悉并严格执行的，除此之外，还有很多专业性、针对性更强的标准和导则。

中华人民共和国标准法中对标准的制定规定是：在全国范围内需要统一的技术和管理要求应制定国家标准，分强制性标准和推荐性标准，由国务院标准化行政主管部门制定。无国家标准而在全国某行业范围内需要统一的制定行业标准，行业标准为推荐性标准，由国务院有关行政主管部门制定，并报国务院标准化行政主管部门备案，在公布国家标准后，该项行业标准即行废止。

目前，国家电网公司系统与带电作业相关的标准和导则由 3 个层次颁发：由中华人民共和国国家质量监督检验检疫总局（中国国家标准化管理委员会）发布 GB 编号的国家标准；由中华人民共和国国家能源局发布 DL 编号的行业标准；由国家电网公司系统各级发布企业标准和管理制度。其名称后缀的年代（如 2016）代表标准颁布的时间，一般按发布者的计划每 5 年修订一次，使用中需注意其时效性。

对于标准和导则的学习着重于了解、熟悉、掌握并能有选择性地运用带电作业标准和导则的相关规定，实际运用中，特别是编制相关作业指导书或制定现场规程时，应该引用哪些标准、引用标准中的哪些部分，各地的理解和运用存在差异。例如对监护人的设置，有的地方认为简单的作业，工作负责人可以重合监护人的角色，而有的地方认为所有作业除了工作负责人，还应设置专责监护人，在实际应用中难以统一。

现有的带电作业标准可分为基础性标准、基本材料类标准、工具类标准、防护用具类标准、装置设备类标准和其他类标准 6 种。为能更好地学习、运用标准，而不是简单孤立地引用一个标准或标准中的某款条文，以下按照技术、管理制度类和工具技术条件类两类，对输电线路带电作业相关的标准和导则进行一定的整理和归纳，以利于导读但不作标准解释，具体内容可直接参见相关标准。

一、带电作业技术、管理制度类

输电线路带电作业技术、管理制度类标准主要如表 1-1-1 所示。

表 1-1-1　　　　　　　　常规输电线路带电作业技术、管理制度类标准

序号	标准号	标准名称
1	GB/T 2900.55—2016	电工术语　带电作业
2	GB/T 14286—2008	带电作业工具设备术语
3	GB/T 19185—2008	交流线路带电作业安全距离计算方法
4	DL/T 392—2015	1000kV 交流输电线路带电作业技术导则
5	DL/T 876—2004	带电作业绝缘配合导则
6	DL/T 881—2004	±500kV 直流输电线路带电作业技术导则
7	DL/T 966—2005	送电线路带电作业技术导则
8	DL/T 974—2018	带电作业用工具库房
9	DL/T 1060—2007	750kV 交流输电线路带电作业技术导则
10	DL/T 1341—2014	±660kV 直流输电线路带电作业技术导则
11	国家电网生〔2007〕751 号	国家电网公司带电作业工作管理规定（试行）

1.《电工术语　带电作业》和《带电作业工具设备术语》

《电工术语　带电作业》（GB/T 2900.55—2016）适用于带电作业标准、编写和翻译专业文献、教材及书刊。与带电作业有关的其他领域亦可参照采用。

《带电作业工具设备术语》（GB/T 14286—2008）适用于制定、修订带电作业标准和规程，编写和翻译专业文献、教材及书刊。与带电作业技术有关的其他领域亦可参照采用。

2 个有关术语的国家标准，都是对照国际电工委员会（IEC）标准的术语，与 IEC 术语有差别的尽量采用 IEC 的定义，在不致引起误解的情况下，保留我国的惯用术语。其章节编排按照一般术语、绝缘杆、通用工具附件、绝缘遮蔽罩（绝缘罩及类似组件）、旁路器具、手工工具（专用小手工工具）、个人防护器具（个人器具）、攀登就位器具、手持设备（装卸和锚固器具）、检测试验设备（测量试验设备）、液压设备（液压设备及其他）、支撑装配设备（支撑装置）、牵引设备、接地和短路装

置、带电清洗共 15 类展开。

2.《交流线路带电作业安全距离计算方法》

《交流线路带电作业安全距离计算方法》（GB/T 19185—2008）适用于 110～750kV 交流线路带电作业安全距离的计算和校核。在变电设备带电作业的安全距离计算校核中，也可参考采用。

交流线路带电作业安全距离计算方法规定了交流线路带电作业安全距离及组合间隙的计算方法、危险性评估判据、间隙系数、海拔修正系数等。学习时注意带电作业最小电气安全距离 D_{min} 和最小安全作业距离 D 之间的差别和联系，理解最小安全作业距离公式：$D=D_{min}+D_E$（m），其中 D_E 为人体最小活动距离。了解不同海拔高度和 $U_{90\%}$ 值的海拔修正系数 k_a。了解带电作业危险率计算方法。

3.《带电作业绝缘配合导则》

《带电作业绝缘配合导则》（DL/T 876—2004）适用于在系统最高电压大于交流 1kV、直流 1.5kV 的电力系统开展带电作业工作、进行绝缘配合时的指导原则；不适用于特殊场合，即存在严重污秽或带有对绝缘有害的气体、蒸汽、化学和沉积物的场合所进行的带电作业。

带电作业绝缘配合导则规定了在交、直流电力系统进行带电作业时，空气绝缘、组合绝缘及所使用的工具、装置及设备绝缘的额定耐受电压的选择原则。学习时注意带电作业中的作用电压，带电作业中只考虑正常运行条件下的工频电压、暂时过电压（包括工频电压升高）与操作过电压的作用。

确定预期过电压水平的原则：一般而言，3～220kV 电压范围内的设备绝缘水平主要由雷电过电压决定，但也要考虑操作过电压的影响。因而，在此电压范围内的带电作业工具、设备和装置，其绝缘水平应校核相应电压等级下的操作过电压水平。在确定 330～750kV 电压范围内的带电作业工具、设备和装置的绝缘水平时，操作过电压的影响较为突出，因而要求对考虑的系统中带电作业时可能遇到的过电压进行估算。

作用电压与耐受电压之间的配合包括：① 绝缘耐受各种电压的能力。② 3～220kV 电压范围内，作用电压与耐受电压的配合。③ 330～750kV 电压范围内，作用电压与耐受电压之间的配合。④ 直流系统作用电压和耐受电压间的配合。

带电作业的安全性围绕带电作业危险率、带电作业的事故率等方面展开，学习时注意区分其定义不同，但概念又有紧密联系，了解其计算方法。

4.《送电线路带电作业技术导则》《±500kV 直流输电线路带电作业技术导则》《750kV 交流输电线路带电作业技术导则》《±660kV 直流输电线路带电作业技术导则》

上述标准规定了作业方式，最小安全作业距离和组合间隙，绝缘工具的最小有效绝缘长度，作业安全措施及工具的试验、保管等。《送电线路带电作业技术导则》（DL/T

966—2005）适用于海拔 1000m 及以下 110～500kV 送电线路的带电检修和维护作业；《±500kV 直流输电线路带电作业技术导则》（DL/T 881—2004）适用于海拔 1000m 及以下±500kV 直流输电线路的带电检修和维护作业；《750kV 交流输电线路带电作业技术导则》（DL/T 1060—2007）适用于海拔 3000m 及以下地区 750kV 交流输电线路带电作业；《±660kV 直流输电线路带电作业技术导则》（DL/T 1341—2014）适用于海拔 2000m 及以下地区±660kV 单回直流输电线路的带电作业。简单理解《送电线路带电作业技术导则》与其他几个标准的关系，对于一般要求部分应两者一致，对于技术要求部分则其他几个标准针对性更强。

《送电线路带电作业技术导则》技术要求部分规定了 110～220kV、330～500kV 交流线路带电作业地电位作业、等电位作业和中间电位作业要求，包括作业人员的最小电气安全距离，绝缘工具的最小有效绝缘长度，良好绝缘子的最少片数，最小组合间隙，人体裸露部位与带电体的最小距离，各组合间隙的最小距离。同时，对紧凑型线路的带电作业，按照常规作业方式不能满足安全距离和组合间隙，采用带保护间隙的作业方式对保护间隙的安装、500kV 线路保护间隙的设定和安装位置作出了明确的规定。

作业安全注意事项部分，对常规作业方式的准备工作、防止静电感应的对策、工（器）具的传递、过牵引的预防、常用绝缘工（器）具、常用金属工（器）具、等电位作业的屏蔽措施、电位转移和进入电场 9 个环节作了具体的规定，对实际作业进行了规范。

作业项目部分，对绝缘子的检测、清扫、更换工作的作业方法，使用的工具，作业要求提出了规范性的做法，对补修导线和断接空载线路的作业方法、作业工艺、作业工具的选择提出了原则性、规范性的要求。《±500kV 直流输电线路带电作业技术导则》中规定 500kV 交流带电作业用绝缘工具可直接用于±500kV 直流带电作业。

工具的试验和运输与保管部分要求与安全规程要求一致。

5.《带电作业用工具库房》

《带电作业用工具库房》（DL/T 974—2018）适用于贮存送、配、变带电作业用工具的库房。绝缘斗臂车车库也可参考使用。

规定了带电作业用工具库房的一般要求、技术条件与设施、测控装置及库房信息管理系统，对库房的建设、技术条件、存放设施提出了相对严格的要求，以规范库房的建设和管理。

6.《国家电网公司带电作业工作管理规定（试行）》（国家电网生〔2007〕751 号）

该制度是对"关于颁发《带电作业技术管理制度》和《带电作业操作导则》的通知（国电安运〔1997〕104 号）"中的带电作业技术管理制度的修订，针对当前的带电作业技术管理深化了管理要求。

二、带电作业工具技术条件类

输电线路带电作业工具技术条件类标准主要如表 1–1–2 所示。

表 1–1–2 常规输电线路带电作业工具技术条件类标准

序号	标准号	标 准 名 称
1	GB/T 18037—2008	带电作业工具基本技术要求与设计导则
2	DL/T 878—2004	带电作业用绝缘工具试验导则
3	DL/T 976—2017	带电作业工具、装置和设备预防性试验规程
4	DL/T 972—2005	带电作业工具、装置和设备的质量保证导则
5	DL/T 877—2004	带电作业用工具、装置和设备使用的一般要求
6	GB/T 15632—2008	带电作业用提线工具通用技术条件
7	GB/T 17620—2008	带电作业用绝缘硬梯
8	GB 13398—2008	带电作业用空心绝缘管、泡沫填充绝缘管和实心绝缘棒
9	GB/T 13034—2008	带电作业用绝缘滑车
10	GB/T 13035—2008	带电作业用绝缘绳索
11	GB/T 6568—2008	带电作业用屏蔽服装
12	DL/T 415—2009	带电作业用火花间隙检测装置
13	DL/T 463—2006	带电作业用绝缘子卡具
14	DL/T 699—2007	带电作业用绝缘托瓶架通用技术条件
15	DL/T 879—2004	带电作业用便携式接地和接地短路装置

1. 《带电作业工具基本技术要求与设计导则》

《带电作业工具基本技术要求与设计导则》（GB/T 18037—2008）规定了交流 10～750kV、直流±500kV 带电作业工具应具备的基本技术要求，提出了工具的设计、验算、保管和检验等方面的技术规范及指导原则。

本标准是有关带电作业工具的推荐性基础标准，对带电作业工具设计的标准化、系列化具有重要意义。带电作业工具类别繁多，涉及面广，本标准定义中的 13 类只代表一种分类方法，为了突出重点，设计导则中对带电作业工具的基本技术要求主要侧重于电气、机械两方面，在此基础上，按照安全、轻便、通用的设计指导思想，根据带电作业工具的类别，分别提出了选材原则、机械设计原则及要求、电气设计原则及要求、工艺结构设计要求和包装设计要求等。

2.《带电作业用绝缘工具试验导则》

《带电作业用绝缘工具试验导则》（DL/T 878—2004）规定了带电作业用绝缘工具技术要求、试验方法和检验规则等。适用于以绝缘管、绝缘棒、绝缘板为主绝缘材料制成的硬质绝缘工具和以绝缘绳索为主绝缘材料制成的软质绝缘工具。

技术要求部分对适用于海拔 1000m 及以下绝缘工具的最小有效绝缘长度按电压等级作出了相应规定，对海拔 1000m 以上提出了最小有效绝缘长度校正公式。对绝缘工具的工作条件、材料选择提出了相应规定。

技术要求部分还对各电压等级工具的试验项目、判别标准作出了明确的规定。

试验方法部分对绝缘工具的工频耐压试验、操作冲击波耐压试验、直流耐压试验、淋雨状态下的工频泄漏电流试验、淋雨条件下的直流泄漏电流试验和机械强度试验作出了具体规定。

校验规则部分对绝缘工具的型式试验、抽样试验、验收试验、预防性试验、检查性试验和试验周期作出了明确规定。

除以上 2 个导则外的其他标准，大多数都是针对具体工具的分类、技术要求、试验方法、校验规则、标志包装运输保管提出更为具体的要求。表 1-1-2 中所列的一些工具的试验方法，一般涉及新工具的研制、鉴定时可参考相应标准使用，对于试验通常按安全规程中所列的试验方法、试验标准进行即可。

这些标准的学习和运用可以在遇到具体问题时，结合通用性的标准学习使用，例如屏蔽服的分类标准：用于交流 110（66）～500kV、直流 500kV 及以下电压等级的屏蔽服装为Ⅰ型，用于交流 750kV 电压等级的屏蔽服装为Ⅱ型。Ⅱ型屏蔽服装必须配置面罩，整套服装为连体衣裤帽。在此不一一罗列，仅选择《带电作业用绝缘子卡具》（DL/T 463—2006）做介绍。

3.《带电作业用绝缘子卡具》

《带电作业用绝缘子卡具》规定了带电作业或停电更换绝缘子卡具的型式、规格、技术要求、试验方法、检验规则及标志和包装。适用于交流 750kV 及以下电压等级输电线路和±500kV 直流输电线路绝缘子卡具。

该标准是对原《带电作业用盘形悬式绝缘子卡具　第一部分：20kN 级卡具》（DL 488—1992）和《带电作业用盘形悬式绝缘子卡具　第二部分：28～45kN 级卡具》（DL 463—1992）的整合修订替代版本，适用范围从"更换单片悬式绝缘子，电压等级最高 500kV，额定负荷 20～45kN"修订为"更换耐张串、悬垂串和单片绝缘子，电压等级最高 750kV 交流输电线路和±500kV 直流输电线路，额定负荷 30～100kN"。

卡具按功能分为耐张串卡具、直线串卡具、单片绝缘子卡具，分别用代号"N""Z""D"表示。

卡具按结构形式分为翼型卡、弯板卡、大刀卡、翻板卡、斜卡、闭式卡等种类，分别用代号 "YK""WK""DK""FK""XK""BK" 等表示。

卡具适用的绝缘子或金具级别为 100、120、160、210、300、400kN，相应卡具的额定荷重为所适用的绝缘子或金具级别除以 4 后加 5kN，例如适用的绝缘子或金具级别为 210kN，则卡具的额定荷重为 60kN。

综合上述规定，卡具的型号规格分为 4 部分，如图 1-1-1 所示。

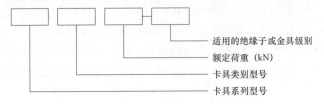

图 1-1-1　卡具型号规格

例如：NDK45—160，代表"耐张串卡具""大刀卡""额定荷重 45kN""适用于 160kN 级绝缘子"，即额定荷重 45kN 用于更换 160kN 级绝缘子耐张串用的大刀卡。

卡具的使用标准中规定在选用卡具时应进行最大实际工作载荷的校核，若有特殊要求或不利气象环境条件致使工作载荷有可能超出卡具的额定荷重时，应选用大一级规格的卡具。

使用前应对卡具外观进行检查，若发现裂纹应退出使用。运输中应避免碰撞，使用中不得用力敲打和摔落，避免影响其机械性能和工作性能。

【思考与练习】

1. 带电作业对人员的定义和要求（电工术语带电作业和送电线路带电作业技术导则）有哪些？

2. 带电作业工具的分类方法有哪些（一种以上）？

3. 带电作业工具的使用对气象条件的要求有哪些？

4. 带电作业绝缘工具的试验类型、试验周期（带电作业用绝缘工具试验导则）是如何规定的？

5. 带电作业绝缘工具的预防性试验（带电作业工具、装置和设备预防性试验规程）是如何规定的？

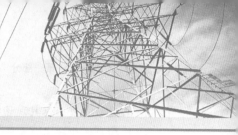

第二章

输电带电作业流程和相关要求

▲ 模块 1　现场标准化作业流程（Z07D5001 I）

【模块描述】本模块介绍了带电作业现场的标准化流程及其工作要求。通过要点讲解，熟悉带电作业前的准备、现场操作、工作终结等环节的工作要求，掌握带电作业中的安全注意事项。

【模块内容】

一、作业前准备

1. 现场气象条件判定

应对作业所及范围内的气象情况（主要指风速、湿度、雷、雨、雾等）作出能否进行带电作业的判定。

（1）带电作业应在良好的天气下进行。如遇雷、雨、雪、雾天气，不得进行带电作业。

（2）风速：不宜大于 5 级（即 10m/s）。

（3）湿度：相对湿度应小于等于 80%。

2. 带电作业的申请和许可

（1）需停用重合闸的作业，应提前向调度申请，在得到调度的许可后方可进行作业。

（2）不需停用重合闸的作业，作业前应与调度联系。一般内容应包括：工作负责人姓名、作业时间、设备名称和作业任务等。

3. 班前会

全体工作成员列队，工作负责人核对作业线路名称和杆塔号，宣读工作票、交待工作任务、安全措施和技术措施；了解工作人员精神状况、检查着装情况和工器具是否完好齐全；交待危险点和预防措施，明确作业分工及安全注意事项。

4. 作业场地准备

清理作业点场地，尽可能做到作业点及附近没有妨碍作业的杂物，铺设防潮苫布。

5. 作业设备及工器具现场检查

（1）检查作业杆塔有无锈蚀和损坏，杆塔基础有无损坏和塌方，拉线是否锈蚀、松弛。

（2）将工器具整齐摆放并进行外观检查。如绝缘工具有无受潮、损坏，承力工具是否完好、连接部位的螺栓是否紧固到位，屏蔽服外观是否完好等，并对绝缘工具进行表面清洁。

（3）测试绝缘工具的绝缘电阻，测试电极宽 2cm、极间宽 2cm，电阻值应不低于 700MΩ。测试屏蔽服的电阻，其最远端电阻值不应大于 20Ω。

（4）对登高及安全工具进行冲击试验。

6. 作业设备检测、测量

根据作业需要，作业前对设备进行必要的检测。

（1）对有疑问，不能确定的安全距离、交叉跨越距离和对地距离进行测量。

（2）对盘形瓷质绝缘子串作业前，应对绝缘子进行检测。

二、现场操作

（1）工作负责人按照标准化作业指导书或作业卡的操作步骤逐项指挥操作。

（2）监护人对塔上作业人员的操作过程监护，密切注意关键操作工序，及时提醒作业人员保持安全距离。

（3）除等电位电工外，按登塔顺序编为 1 号电工、2 号电工、3 号电工等及地面电工。

（4）每一步工作开始前应得到工作负责人的许可后，方可进行。

（5）工作负责人对作业质量进行检查，符合要求后下令拆除工具、人员下塔。

三、工作终结

（1）现场工具整理、环境清洁，做到人走场清。

（2）工作班成员列队开班后会。作业人员向工作负责人汇报工作完成情况，工作负责人点评作业情况。人员撤离。

（3）工作负责人向调度汇报。

四、带电作业中的一般安全注意事项

（1）在海拔 1000m 以上带电作业时，应根据不同海拔高度，修正各类空气与固体绝缘的安全距离和长度、绝缘子片数等。

（2）监护人应由具有带电作业实践经验的人员担任。监护人不得直接操作。监护的范围不得超过一个作业点。复杂的或高杆塔上的作业应增设塔上监护人。

（3）带电作业工作负责人在带电作业工作开始前，应与调度联系，工作结束后应向调度汇报。

（4）在带电作业过程中如设备突然停电，作业人员应视设备仍然带电，工作负责人应尽快与调度联系，调度未与工作负责人取得联系前不得强送电。

（5）进行地电位带电作业时，人身与带电体间的安全距离不得小于表2-1-1的规定。

表2-1-1　　　　　　　　　　　人身与带电体的安全距离

电压等级/kV	66	110	220	330	500	750
距离/m	0.7	1.0	1.8（1.6）	2.6	3.4（3.2）	5.2（5.6）
电压等级/kV	1000	±400	±500	±660	±800	—
距离/m	6.8（6.0）	3.8	3.4	4.5	6.8	

（6）等电位作业人员对地距离应不小于表2-1-1的规定，对邻相导线的距离应不小于表2-1-2的规定。

表2-1-2　　　　　　等电位作业人员对邻相导线的最小距离

电压等级/kV	66	110	220	330	500	750
距离/m	0.9	1.4	2.5	3.5	5.0	6.9（7.2）

（7）等电位作业人员在绝缘梯上作业或者沿绝缘梯进入强电场时，与接地体和带电体两部分间隙所组合间隙不得小于表2-1-3的规定。

表2-1-3　　　　　　　　　组合间隙的最小距离

电压等级/kV	66	110	220	330	500	750
距离/m	0.8	1.2	2.1	3.1	4.0	4.9
电压等级/kV	1000	±400	±500	±660	±800	—
距离/m	6.9（6.7）	3.9	3.8	4.3	6.6	—

（8）等电位作业人员在电位转移前，应得到工作负责人的许可，并系好安全带。转移电位时，人体裸露部分与带电体的距离不应小于表2-1-4的规定。

表2-1-4　　　　　转移电位时人体裸露部分与带电体的最小距离

电压等级/kV	35、66	110、220	330、500	±400、±500	750、1000
距离/m	0.2	0.3	0.4	0.4	0.5

（9）绝缘操作杆、绝缘承力工具和绝缘绳索的有效长度不得小于表2-1-5的规定。

表 2-1-5　　　　　　　　　　　绝缘工具最小有效绝缘长度

电压等级/kV	有效绝缘长度/m	
	绝缘操作杆	绝缘承力工具、绝缘绳索
35	0.9	0.6
66	1.0	0.7
110	1.3	1.0
220	2.1	1.8
330	3.1	2.8
500	4.0	3.7
750	5.3	5.3
1000	6.8	
±400	3.75	
±500	3.7	
±660	5.3	
±800	6.8	

（10）带电更换绝缘子或在绝缘子串上作业时，良好绝缘子片数不得少于表 2-1-6 的规定。

表 2-1-6　　　　　　　　　　良好绝缘子最少片数

电压等级/kV	66	110	220	330	500	750	1000	±500	±660	±800
片数	3	5	9	16	23	25	37	22	25	32

（11）在市区或人员稠密地区进行带电作业时，工作现场应设置围栏，严禁非工作人员入内。

（12）等电位作业人员必须穿合格的全套屏蔽服（包括帽、衣、裤、手套、袜和鞋），且各部分应连接良好。屏蔽服内还应穿阻燃内衣。严禁通过屏蔽服对接地电流、空载线路和耦合电容的电容电流进行断、接。

（13）等电位作业人员与地面人员传递工具和材料时，必须使用绝缘工具或绝缘绳索进行，其有效长度不得小于表 2-1-5 的规定。

（14）沿导、地线上悬挂的软、硬梯或飞车进入强电场作业应遵守下列规定。

1）在连续档距的导、地线上挂梯（或飞车）时，其导、地线的截面符合如下条件：① 钢芯铝绞线和铝合金绞线不得小于 120mm²；② 钢绞线（等同 OPGW 光缆和配套的 LGJ-70/40 导线），不得小于 50mm²。

2）有下列情况之一者，应经验算合格、并经厂（公司）主管生产领导（总工程师）批准后才能进行：① 在孤立档的导、地线上作业；② 在有断股的导、地线和锈蚀的地线上作业；③ 在上述 1）以外其他型号导、地线上作业；④ 2 人以上在导、地线上作业。

（15）在导、地线上悬挂梯子前，必须检查本档两端杆塔处导、地线的紧固情况。挂梯载荷后，地线及人体对导线的最小间距应比表 2–1–1 中的数值增大 0.5m，导线及人体对被跨越的电力线路、通信线路和其他建筑物的最小距离应比表 2–1–1 的安全距离增大 1m。

（16）等电位作业人员在作业中严禁使用酒精、汽油等易燃品擦拭带电体及绝缘部分，以防止起火。

（17）带电断接空载线路时，必须确认线路的终端开关或刀闸确已断开，接入线路侧的变压器、电压互感器确已退出运行后，方可进行。严禁带负荷断、接引线。

（18）在 220～500kV 电压等级的线路杆塔上及变电所构架上作业，应采取防静电感应措施，例如穿导电鞋、屏蔽服等。

（19）绝缘架空地线应视为带电体，作业人员与绝缘架空地线之间的距离应不小于 0.4m。如需在绝缘架空地线上作业时，应用接地线将其可靠接地或采用等电位方式进行。

（20）用绝缘绳索传递大件金属物品（包括工具、材料等）时，杆塔或地面作业人员应将金属物品接地后再接触，以防电击。

（21）严禁地电位电工在未采取任何措施的情况下去短接横担侧的绝缘子。

（22）攀登杆塔脚钉时，应检查脚钉是否牢固。

（23）在杆、塔上工作，必须使用安全带和戴安全帽。安全带应系在电杆及牢固的构件上，应防止安全带从杆顶脱出或被锋利物伤害。系安全带后必须检查扣环是否扣牢。在杆塔上作业转位时，不得失去安全带保护。杆塔上有人工作时，不准调整或拆除拉线。

（24）检修杆塔不得随意拆除受力构件，如需拆除时，应事先做好补强措施，调整倾斜杆塔时，应先打好拉线。

（25）使用梯子时，要有人扶持或绑牢。

（26）上横担时，应检查横担腐蚀情况，检查时安全带应系在主杆上。

（27）现场人员应戴安全帽。杆上人员应防止掉东西，使用的工具、材料应用绳索传递，不得乱扔。杆下应防止行人逗留。

【思考与练习】

1. 简述带电作业对气象条件的要求。

2. 简述作业设备及工器具现场检查的主要内容。

3. 简述连续档距的导、地线上挂梯作业对导、地线的截面要求。

4. 简述挂梯作业在哪些情况下，应经验算合格、并经厂（公司）主管生产领导（总工程师）批准后才能进行。

第二部分

基础带电作业

第三章

绝缘子带电检测

▲ 模块 1　带电检测绝缘子（Z07E1001 Ⅰ）

【模块描述】本模块介绍绝缘子检测的原理和带电检测绝缘子的操作方法。通过原理讲解和要点介绍，掌握带电检测绝缘子的测试目的和周期、检测工作原理、方法、操作程序及要求、危险点分析和预控。

【模块内容】

一、工作内容

带电检测绝缘子一般采用地电位作业法，现场作业中通常采用分布电压检测、绝缘电阻检测、火花间隙装置检测等方法，本部分主要介绍采用火花间隙装置带电检测瓷质盘形绝缘子的作业方法，对于其他方法做了简单的介绍。

（一）装置简介

1. 火花间隙型检测装置

火花间隙检测是使用金属短路叉的可调间隙或固定间隙短接绝缘子时，由于完好绝缘子在运行中两端存在数千伏电位差，在可调间隙或固定间隙处会发出尖端放电声的原理来鉴别劣质绝缘子的。有放电声的绝缘子是合格绝缘子，没有放电声的绝缘子是劣化绝缘子。该方法只能定性判断绝缘子合格与否，不能反映确切的电压值，分辨能力较差，但因其方法简单、工具轻便、操作灵活而被广泛采用。其主要工具有：短路叉、固定小球隙及可调式火花检测器等。使用短路叉测量如图 3-1-1 所示，固定小球隙检测器如图 3-1-2 所示，可调试火花间隙检测装置结构如图 3-1-3 所示。由于火花隙间检测装置在测量时需短接一片绝缘子，而 35kV 及以下电压等级线路绝缘子片数少，不能采用此方法检测。

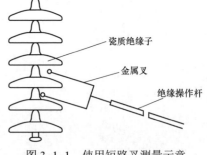

图 3-1-1　使用短路叉测量示意

2. 电压分布测量仪

电压分布测量仪利用仪器仪表测量出绝缘子串每片绝缘子的分布电压，和标准绝缘子串的分布电压相比较，从而判断出劣质绝缘子。当被测绝缘子的分布电压值低于标准规定的相应序号元件标准值的 50%、或明显地同时低于其相邻两侧绝缘子上的分布电压测量值时，则判定该被测绝缘子为劣化绝缘子。仪表型检测器能定量检测绝缘子的劣化程度，不易误判，但操作较复杂。常用的仪表型检测器有：静电式检测器、高阻检测器等。

综合两类检测器的优缺点，推荐的检测方法是：第一步，火花间隙检测器进行普测；第二步，可结合本地区的具体情况，选择一种常用的仪表型检测器作为复核手段，对第一步检测时判断为劣化的绝缘子进行复查，以核对其准确性，再决定是否予以更换。这一检测方法既利用了火花间隙型检测工具轻便快速的特点，又利用了仪表型检测工具准确可靠的优点。

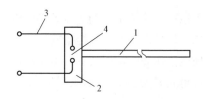

图 3-1-2　固定小球隙检测器

1—绝缘操作杆；2—绝缘板；3—金属测棒；4—小球间隙

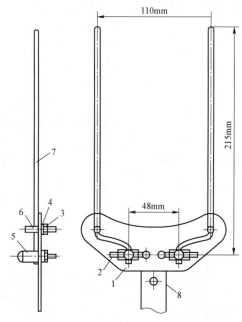

图 3-1-3　可调式火花间隙检测装置结构

1—支承板；2—电极；3—调整螺母；4—垫圈；5—电极、探针固定架；6—探针固定架；7—探针；8—工作头

（二）测试目的和测试周期

1. 测试目的

绝缘子受其制造工艺、运行中的机械和电气荷载、环境、自然老化等因素影响，造成绝缘子的机电性能下降，产生零值或低值绝缘子。由于这些劣质绝缘子的存在，将使线路的绝缘水平下降，发生闪络甚至断串事故。绝缘子带电测试的目的：一是检测出运行绝缘子串中零值和劣值绝缘子，并将其更换，以保证绝缘子串不发生闪络事故；二是通过对绝缘子的定期检测，分析评估绝缘子的劣化趋势。

2. 测试周期

35kV 以上输电线路瓷质盘形绝缘子一般采用轮试的方法，即每年检测一部分，一个周期内完成全部普测。如某批次的盘形瓷绝缘子零值检出率明显高于运行经验值，则对于该批次绝缘子应酌情缩短零值检测周期。

二、危险点分析和预控措施

地电位作业法使用火花间隙检测器检测 220kV 线路盘形瓷质绝缘子的常见危险点和预控措施如表 3-1-1 所示。

表 3-1-1   危险点分析和预控措施

序号	危险类型	危险点	预控措施
1	高处坠落	登高及移位过程中发生高处坠落	攀登杆塔时，注意爬梯或脚钉是否牢固、可靠，安全带应系在牢固的构件上，检查扣环是否扣牢。杆上转移作业位置时，不得失去安全带保护
		作业过程中发生高处坠落	安全带、后备保护绳，应分别系挂在不同的牢固构件上
2	高电压	感应电刺激伤害	在 330kV 及以上电压等级的线路杆塔上及变电站构架上作业，应采取防静电感应措施，例如，穿静电感应防护服、导电鞋等（220kV 线路杆塔上作业时宜穿导电鞋）
		工具绝缘失效	（1）应定期试验合格。 （2）运输过程中妥善保管，避免受潮。 （3）作业过程应注意保持绝缘工具的有效绝缘长度。 （4）现场使用前应用 2500V 及以上的绝缘电阻表或绝缘检测仪进行分段检测，检查其绝缘阻值不小于 700MΩ
3	高电压	空气间隙击穿	（1）作业前应确认空气间隙满足安全距离的要求。 （2）专责监护人应时刻注意和提醒操作人员动作幅度不能过大，注意安全距离
		短路	使用火化间隙检测器进行检测时，当发现同一串中的零值绝缘子片数不符合表 2-1-3 的规定时，应立即停止检测
4	恶劣天气	气象条件不满足要求	带电作业应在良好的天气下进行。如遇雷、雨、雪、雾不得进行带电作业，风力大于 5 级时，一般不宜进行带电作业

三、作业前准备

1. 作业方式

采用地电位作业法使用火花间隙检测器检测 220kV 线路盘形瓷质绝缘子。

2. 人员组合

工作负责人（监护人）1 人、塔上电工 1 人、地面电工 1 人。

3. 作业工器具、材料配备

地电位作业法使用火花间隙检测器检测 220kV 线路盘型瓷质绝缘子，所使用的主要工具如表 3-1-2 所示。

表 3-1-2 主要工器具、材料

序号	工具名称	规格、型号	单位	数量	备注
1	绝缘绳	$\phi 14mm$	根	1	传递用
2	绝缘滑车	5kN	只	1	
3	绝缘绳套	$\phi 10mm$	根	1	
4	绝缘操作杆	220kV	根	1	
5	火花间隙检测器		个	1	间隙校正正确
6	防潮苫布	3m×3m	块	1	
7	绝缘测试仪	ST2008	台	1	也可用绝缘电阻表

四、作业步骤和质量标准

（1）按照带电作业现场标准化流程完成准备工作。

（2）塔上电工携带绝缘传递绳登塔至横担适当位置，系好安全带，将绝缘滑车及绝缘绳在作业横担适当位置安装好。

（3）地面电工用绝缘传递绳将装有火花间隙检测器的绝缘操作杆传递给塔上电工。

（4）塔上电工持绝缘操作杆将检测器的2根探针同时接触每片绝缘子的钢帽和钢脚，细听间隙处有无放电声，无放电声的绝缘子即为劣化绝缘子。逐相由导线侧第一片绝缘子开始，按顺序逐片往横担侧进行检测。发现零值绝缘子时，重复测试2~3次，确认后向地面报告，由地面电工做好记录。

（5）检测时要认真细听火花间隙的放电声，并根据需要再进一步校正火花间隙距离，以测量靠近横担处的绝缘子时发出轻微放电声为准。

（6）测量中发现可疑的低值零值绝缘子时，宜使用电压分布测量仪复测。

（7）绝缘子检测完毕后，塔上电工和地面电工相互配合，将绝缘检测操作杆、绝缘子测试仪下传至地面。

（8）塔上电工检查确认塔上无遗留工具后，汇报工作负责人，得到同意后携带绝缘绳平稳下塔。

（9）按带电作业现场标准化作业流程进行"工作终结"。

五、注意事项

1. 测试结果分析及测试报告编写

（1）检测记录应包含检测时间、检测方法、线路名称、杆号、串型、相位、串中位置、绝缘子型号、生产厂家、生产日期、投运时间和清扫维护记录等。

（2）绝缘子检测结束后应统计劣化率，分析绝缘子的劣化趋势，以及有无加速劣化的趋势。

2. 测试主要注意事项

（1）参照带电作业现场标准化作业流程"带电作业中的一般安全注意事项"开展作业。

（2）绝缘子检测应在天气晴朗，且大气相对湿度小于80%的条件下进行，一般上午应在9:00至10:00开始检测，在16:00前完成，以免空气湿度较大和绝缘子表面的凝露而影响检测的准确性。如果在干燥地区，可适当调整开收工时间。

（3）当检测时发现绝缘子串中劣化绝缘子较多时，应计算绝缘子的片数，确保其满足表2-1-6的规定值。

（4）针式绝缘子及少于3片的悬式绝缘子串不准使用火花间隙检测法进行检测。

（5）检测导线垂直排列的绝缘子时，身体站立应注意头顶距上方带电体的安全距离。

（6）检测靠近导线侧的第一片绝缘子时，应注意区分放电间隙的放电声与带电体对检测器金属部件的尖端放电声的不同。

【思考与练习】

1. 简述绝缘子检测工作的原理。

2. 简述火花间隙检测法的优缺点。

3. 使用火花间隙检测器在模拟线路检测220kV线路瓷质绝缘子10串。

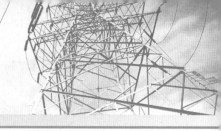

第四章

110kV 直线绝缘子更换

▲ 模块 1　更换 110kV 直线绝缘子（Z07E2001 Ⅰ）

【模块描述】本模块包含带电更换 110kV 直线绝缘子的作业方法、工艺要求及相关安全注意事项。通过结构介绍、作业方法及操作实例介绍，掌握更换 110kV 直线绝缘子的作业前准备、危险点分析和控制措施、作业步骤、工艺要求和质量标准。

【模块内容】

一、工作内容

带电更换 110kV 直线整串绝缘子一般采用地电位作业法，本部分主要介绍以绝缘滑车组作为吊线工具，采用地电位作业更换 110kV 直线单联整串绝缘子的方法，对于采用卡具、丝杆、拉板作为吊线工具的方法只作简单介绍。

（一）绝缘子串结构简介

110kV 直线绝缘子串有单联、双联、V 型等几种结构方式，具体结构如图 4-1-1 至图 4-1-3 所示。通常情况下以单联绝缘子串最为常用。绝缘子有瓷绝缘子、钢化玻璃绝缘子、硅橡胶绝缘子等几种。连接金具有 U 型环、直角挂板、球头挂环、碗头挂板、延长环、二联板、悬垂线夹等。

（二）作业方法介绍

1. 利用绝缘滑车组带电更换 110kV 直线绝缘子

绝缘滑车组带电更换 110kV 直线绝缘子的基本方法，是用绝缘滑车组提升导线，将绝缘子串的荷载转移到绝缘滑车组上，对绝缘子串进行更换。一般采用地电位作业方式，使用的主要工具有绝缘滑车组、绝缘绳和绝缘操作杆等。这种作业方法的优点是通用性强，不同横担结构、不同连接方式的绝缘子串上均可适用，缺点是更换垂直荷载较大的绝缘子串时，靠人力收紧滑车组难度较大。采用绝缘滑车组带电更换 110kV 直线单串绝缘子如图 4-1-4 所示。

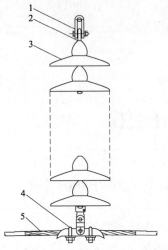

图 4-1-1　110kV 直线单联绝缘子串现场结构

1—挂板（UB 型）；2—球头挂环；3—瓷绝缘子；

4—悬垂线夹；5—预绞丝护线条

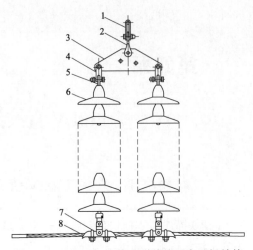

图 4-1-2　110kV 直线双联绝缘子串现场结构

1—挂板（UB 型）；2—U 型挂环；3—联板；

4—直角挂板；5—球头挂环；6—瓷绝缘子；

7—悬垂线夹；8—预绞丝护线条

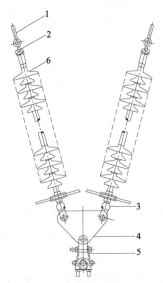

图 4-1-3　110kV 直线 V 型绝缘子串现场结构

1—U 型挂环；2—球头挂环；3—碗头挂环；4—联板；

5—悬垂线夹；6—合成绝缘子

图 4-1-4　采用绝缘滑车组带电更换 110kV

直线单串绝缘子

2. 利用卡具、丝杆带电更换 110kV 直线绝缘子

利用卡具、丝杆带电更换 110kV 直线绝缘子串，一般采用地电位作业方式，使用的主要工具有卡具、丝杆、绝缘拉板（杆）、吊线钩、绝缘操作杆等，更换时将卡具安装在绝缘子串挂点的横担位置，通过丝杆和绝缘拉板（杆）收紧导线转移垂直荷载，使绝缘子串松弛，使用绝缘操作杆脱开绝缘子与导线连接后进行更换。这种作业方法的优点是利用丝杆提升导线较为省力，吊线工具安装方便，缺点是不同的横担结构必须使用与其相配套的卡具，通用性较差。采用卡具、丝杆带电更换 110kV 直线绝缘子串如图 4-1-5 所示。

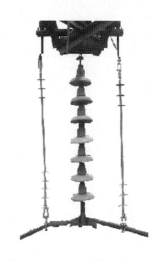

图 4-1-5　采用卡具、丝杆带电更换 110kV 直线绝缘子串

二、危险点分析和控制措施

地电位绝缘滑车组带电更换 110kV 直线绝缘子的常见危险点和预控措施如表 4-1-1 所示。

表 4-1-1　　　　　　　　　危险点分析和预控措施

序号	危险类型	危险点	预控措施
1	工具失效	工具连接失效	（1）作为吊线工具的走二走三滑车组、绝缘绳均应经过定期机械试验合格，使用前应进行外观检查。采用单组吊线工具时应使用防止导线脱落的后备保护绳。 （2）更换一般档距绝缘子串，应大致估算绝缘子串的垂直荷载，选择相应的吊线工具；更换大跨越绝缘子串应进行精确计算
		工具失灵	走二走三滑车组使用前应进行外观检查，保证转动灵活
2	机械伤害	作业过程中绝缘子断串	（1）进行更换作业前应先检查绝缘子串的完好情况，特别是钢脚和钢帽是否锈蚀严重或雷击熔化。 （2）对于新绝缘子应检查钢脚、钢帽是否有松动、裂纹
		高处落物	（1）工具材料应用绝缘绳索传递，小件物品应装袋，作业点正下方禁止人员逗留。 （2）传递绝缘子串应检查每片绝缘子的弹簧销是否缺损。递吊线工具时应将各部位连接螺栓拧紧，绝缘操作杆应检查接头连接情况
3	高处坠落	登高及移位过程中发生高处坠落	攀登杆塔时，注意爬梯或脚钉是否牢固、可靠，杆上转移作业位置时，不得失去安全带保护
		作业过程中发生高处坠落	安全带应系在牢固的构件上，检查扣环是否扣牢，安全带、后备保护绳应分别系挂在不同的牢固构件上

序号	危险类型	危险点	预控措施
4	高电压	工具绝缘失效	（1）应定期试验合格。 （2）运输过程中妥善保管，避免受潮。 （3）使用时操作人员应戴防汗手套。 （4）作业过程中绝缘绳的有效长度应保持在 1.0m 以上。绝缘操作杆的有效长度应保持在 1.3m 以上。 （5）现场使用前应用绝缘测试仪器检查其绝缘电阻值不小于 700MΩ
		空气间隙击穿	（1）作业前应确认空气间隙满足安全距离的要求，对于无法确认的，应现场实测确认后，方可进行作业。 （2）必须保证专人监护，监护人在作业人员进入横担靠近带电体之前，应事先提醒
		短路	（1）更换绝缘子串作业前应先用火花间隙法检测绝缘子。 （2）更换过程中扣除零值及被金属工具短接的绝缘子，完好绝缘子片数不得少于 5 片。 （3）更换绝缘子作业过程中，须在绝缘子串与导线脱离连接后，地电位人员方可用手操作第一片绝缘子。直接用手操作绝缘子时不得超过第 2 片。 （4）收紧滑车组时地面人员应在杆上电工指挥下缓慢拉紧绳索，不得突然用力快速拉升导线，以防造成安全距离不足
5	恶劣天气	气象条件不满足要求	带电作业应在良好的天气下进行。如遇雷、雨、雪、雾不得进行带电作业，风力大于 5 级时，一般不宜进行带电作业
		天气突变	作业前应事先了解天气情况，在作业现场的工作负责人应时刻注意天气变化，特别是夏季的雷雨。作业过程中发生天气突变时，在保证人员安全的前提下尽快撤离工具

三、作业前准备

1. 作业方式

采用地电位作业方式，用绝缘滑车组提升导线；用绝缘操作杆装、脱导线侧碗头。

2. 人员组合

工作负责人（监护人）1 人、杆（塔）上电工 2 人、地面电工 3 人。

3. 作业工器具、材料配备

地电位绝缘滑车组法更换 110kV 直线绝缘子所使用的主要工具如表 4-1-2 所示。

表 4-1-2　　　　　　　　　主 要 工 器 具、材 料

序号	工具名称	型号/规格	单位	数量	备注
1	绝缘二三滑车组	20kN	个	1	
2	绝缘绳套	φ20mm×400mm	条	1	
3	火花间隙检测器		副	1	

续表

序号	工具名称	型号/规格	单位	数量	备注
4	直线取销器		只	1	
5	碗头扶正器		只	1	
6	单轮绝缘滑车	5kN	只	1	
7	绝缘绳	φ16mm	条	1	起吊绳
8	绝缘操作杆	2.5m	副	1	长度根据需要选择
9	绝缘绳	φ12mm	条	1	传递绳
10	地电位取销钳		把	1	
11	绝缘绳套	φ14mm×400mm	条	1	
12	绝缘安全带		条	2	
13	脚扣	φ300mm	副	2	选用
14	绝缘子检测仪		只	1	
15	吊线钩	20kN	只	1	
16	绝缘测试仪	ST2008	台	1	也可用绝缘电阻表
17	防脱落保护绳	φ20mm	条	1	
18	防潮苫布	3m×3m	块	2	
19	瓷绝缘子	XP–70	个	7	根据需要确定数量

四、作业步骤和质量标准

（1）按照带电作业现场标准化流程完成准备工作。

（2）1 号电工登杆（塔）至作业横担位置，2 号电工登杆（塔）至导线水平位置，绑好安全带，1 号电工挂好滑车及传递绳。挂滑车时应注意滑车挂点位置选择，既要方便工具的传递和取用，又要使工具的传递路线与操作相的导线保持足够的安全距离。

（3）地面电工绑好火花间隙检测器传递至杆（塔）上，1 号电工检测绝缘子。检测时先调校放电间隙，从导线侧向横担侧逐片检测，认真听放电声。

（4）地面电工将组装好的绝缘滑车组、绝缘操作杆，按照操作顺序逐件传递至杆上，1 号电工将绝缘滑车组挂在待换绝缘子串悬挂点附近。2 号电工在绝缘子串碗头挂板的水平位置持绝缘操作杆与 1 号电工配合，将连接在绝缘滑车上的吊线钩钩住导线，地面电工拉紧绝缘起吊绳使滑车组稍稍受力。安装绝缘滑车组时应将绝缘绳理顺，避免因绳索扭绞、缠绕增加起吊时的摩擦力，安装时还要注意吊线钩与悬垂线夹保持适当的距离，以免阻碍 2 号电工取销和装脱碗头。图 4–1–6 为采用绝缘滑车组带电更换 110kV 直线单串绝缘子现场操作示意。

图 4-1-6 采用绝缘滑车组带电更换
110kV 直线单串绝缘子现场操作示意

（5）2 号电工手持绝缘操作杆与 1 号电工配合安装，以防止导线脱落保护绳，安装保护绳时应注意保护绳适度收紧并固定牢靠。

（6）2 号电工利用绝缘操作杆上的取销器取出导线侧碗头挂板内的弹簧销。取弹簧销前应收紧绝缘滑车组使其稍稍受力，以碗头挂板内的绝缘子钢脚不卡住弹簧销为宜。

（7）地面电工继续收紧绝缘滑车组使绝缘子串松弛，1 号、2 号电工冲击检查承力工具连接可靠无异常后，2 号电工用绝缘操作杆上的碗头扶正器脱开绝缘子串与导线侧碗头挂板的连接。地面电工收紧绝缘滑车组时应注意用力均匀、缓缓提升导线，防止导线提升过快造成导线对横担安全距离不足、或绝缘子串压住碗头挂板使 2 号电工难以将其脱开。

（8）2 号电工指挥地面电工缓缓松出绝缘滑车组的绝缘绳，将导线下落 200～300mm。1 号电工将传递滑车移至绝缘子串挂点附近，将绝缘传递绳的绳头系在绝缘子串横担侧第二片绝缘子上，地面电工稍稍拉紧绝缘传递绳后 1 号电工取出横担侧第一片绝缘子球窝内的弹簧销，地面电工继续拉紧绝缘传递绳，1 号电工脱开横担侧第一片绝缘子与球头挂环的连接。

（9）1 号、2 号电工与地面电工配合，利用绝缘传递绳将旧绝缘子串传递至地面，将新绝缘子串传递至绝缘子串挂点位置，1 号电工恢复横担侧第一片绝缘子与球头挂环的连接并安装好弹簧销。

（10）2 号电工指挥地面电工缓缓提升导线至合适位置，利用绝缘操作杆上的碗头扶正器恢复绝缘子串与导线侧碗头挂板的连接，并安装好导线侧碗头挂板内的弹簧销，恢复荷载。

（11）1 号、塔上 2 号电工检查绝缘子串各部位连接情况，确认安全可靠后，拆除防脱落保护绳、绝缘滑车组传递至地面，检查塔上无遗留工具后，携带绝缘滑车及绝缘传递绳下塔。

（12）按带电作业现场标准化作业流程进行"工作终结"。

【思考与练习】

1. 采用绝缘滑车组进行带电更换 110kV 直线单串绝缘子作业存在哪些危险点？

2. 应做好哪些措施后 2 号电工才能脱开绝缘子串与导线侧碗头挂板的连接？

3. 采用绝缘拉板进行带电更换 110kV 直线单串绝缘子作业使用的主要工具有哪些？与使用绝缘滑车组比较优缺点有哪些？

第五章

110kV 整串耐张绝缘子更换

▲ 模块 1 更换 110kV 单串耐张绝缘子（Z07E3001 Ⅱ）

【模块描述】本模块包含带电更换 110kV 单串耐张绝缘子的作业方法、工艺要求及相关安全注意事项。通过结构介绍、作业方法及操作实例介绍，掌握更换 110kV 单串耐张绝缘子的作业前的准备、危险点分析和控制措施、作业步骤、工艺要求和质量标准。

【模块内容】

一、作业内容

带电更换 110kV 耐张单联绝缘子串一般采用地电位作业法，本部分主要介绍以卡具、丝杆、拉板作为吊线工具，采用地电位作业的方法。

（一）绝缘子串结构简介

110kV 耐张单联绝缘子串一般由绝缘子串前、后的连接金具和绝缘子组装而成，常用的绝缘子有瓷绝缘子、钢化玻璃绝缘子、复合绝缘子等几种。连接金具一般有 U 型挂环、直角挂板、球头挂环、碗头挂板、延长环等，耐张线夹通常采用螺栓型和压缩型，具体结构如图 5-1-1 所示。

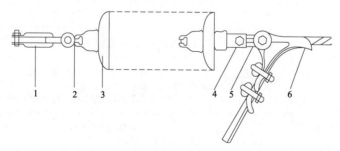

图 5-1-1 采用螺栓型耐张线夹的 110kV 耐张单联绝缘子串结构

1—U 型挂环；2—球头挂环；3—瓷绝缘子；4—碗头挂环；5—延长环；6—螺栓型耐张线夹

（二）作业方法介绍

带电更换 110kV 耐张单联绝缘子串，一般采用地电位作业方式，使用的主要工具有卡具、丝杆、绝缘拉板和托瓶架等。根据耐张线夹固定方式的不同，卡具的前卡也略有不同。采用螺栓型耐张线夹时前卡使用翼型卡具；采用压缩型耐张线夹时前卡使用 CD 卡具。更换时用翼型卡具（或 CD 卡具）卡住绝缘子串两侧的金具，通过丝杆和绝缘拉板收紧导线，使绝缘子串松弛到托瓶架上对其进行更换，复合绝缘子不使用托瓶架。图 5-1-2 为 110kV 耐张单联绝缘子串带电更换示意。

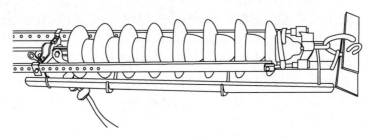

图 5-1-2　110kV 耐张单联绝缘子串带电更换示意

二、危险点分析和预控措施

地电位带电更换 110kV 单联耐张绝缘子串的常见危险点和预控措施如表 5-1-1 所示。

表 5-1-1　　　　　　　　　　　危险点分析和预控措施

序号	危险类型	危险点	预控措施
1	工具失效	工具连接失效	（1）承力工具均应经过定期机械试验合格，使用前应进行外观检查。 （2）应根据绝缘子串的水平张力选择相应的卡具、丝杆、拉板，在脱开绝缘子串的连接前应先检查各承力工具的受力情况。脱开绝缘子串前先安装导线防脱落保护绳
		工具失灵	紧线丝杆使用前应进行外观检查，保证转动灵活
2	机械伤害	作业过程中绝缘子断串	（1）进行更换作业前应先检查绝缘子串的完好情况，特别是钢脚和钢帽是否锈蚀严重或雷击熔化。 （2）对于新绝缘子应检查钢脚、钢帽是否有松动、裂纹
		高处落物	（1）工具材料应用绝缘绳索传递，小件物品应装袋，作业点正下方禁止人员逗留。 （2）传递绝缘子串应检查每片绝缘子的弹簧销是否缺损，传递吊线工具时应将各部位连接螺栓拧紧，绝缘操作杆应检查接头连接情况

续表

序号	危险类型	危险点	预控措施
3	高处坠落	登高及移位过程中发生高处坠落	攀登杆塔时，注意爬梯或脚钉是否牢固、可靠，杆上转移作业位置时，不得失去安全带保护
		作业过程中发生高处坠落	安全带应系在牢固的构件上，检查扣环是否扣牢，安全带、后备保护绳应分别系挂在不同的牢固构件上
4	高电压	工具绝缘失效	（1）应定期试验合格。 （2）运输过程中妥善保管，避免受潮。 （3）使用时操作人员应戴防汗手套。 （4）作业过程中绝缘绳的有效长度应保持在 1.0m 以上。绝缘操作杆的有效长度应保持在 1.3m 以上。 （5）现场使用前应用绝缘测试仪器检查其绝缘阻值不小于 700MΩ
		空气间隙击穿	（1）作业前应确认空气间隙满足安全距离的要求，对于无法确认的，应现场实测确认后，方可进行作业。 （2）必须保证专人监护，监护人在作业人员进入横担靠近带电体之前，应事先提醒
		短路	（1）更换绝缘子串作业前应先用火花间隙法检测绝缘子。 （2）更换过程中扣除零值及被金属工具短接的绝缘子，完好绝缘子片数不得少于 5 片。 （3）更换绝缘子作业过程中，须在绝缘子串与导线脱离连接后，地电位人员方可用手操作第一片绝缘子。直接用手操作绝缘子时不得超过第 2 片
5	恶劣天气	气象条件不满足要求	带电作业应在良好的天气下进行。如遇雷、雨、雪、雾不得进行带电作业，风力大于 5 级时，一般不宜进行带电作业
		天气突变	作业前应事先了解天气情况，在作业现场的工作负责人应时刻注意天气变化，特别是夏季的雷雨。作业过程中发生天气突变时，在保证人员安全的前提下，尽快撤离工具

注　在海拔 1000m 以上带电作业时，应根据不同海拔高度，修正各类空气与固体绝缘的安全距离和长度、绝缘子片数等。

三、作业前准备

1. 作业方式

采用翼型卡具地电位作业，用卡具、丝杆、拉板收紧导线，用绝缘操作杆装、脱导线侧碗头。

2. 人员组合

工作负责人（监护人）1 人、杆（塔）上电工 2 人、地面电工 3 人。

3. 作业工器具、材料配备

地电位翼型卡更换 110kV 单联耐张绝缘子串所使用的主要工具如表 5-1-2 所示。

表 5-1-2　　　　　　　　　主 要 工 器 具、材 料

序号	工具名称	型号/规格	单位	数量	备注
1	翼型卡具	NYK20-Ⅱ	副	1	配丝杆
2	绝缘拉板	110kV	块	2	
3	绝缘托瓶架	110kV	副	1	
4	火花间隙检测器		只	1	配绝缘检测杆
5	耐张取销器		只	1	
6	碗头扶正器		只	1	
7	单轮绝缘滑车	5kN	只	1	
8	绝缘绳套	ϕ12mm×400mm	条	1	
9	绝缘操作杆	2.5m	副	2	
10	绝缘传递绳	ϕ12mm	条	1	
11	地电位取销钳		把	1	
12	反光镜		只	1	
13	绝缘安全带		条	2	
14	脚扣（选用）		副	2	
15	绝缘子检测仪		只	1	检测新绝缘子用
16	防脱落保护绳	ϕ20mm	条	1	
17	绝缘测试仪	ST2008	台	1	也可用绝缘电阻表
18	绝缘子检测仪		台	1	
19	防潮苫布	3m×3m	块	2	
20	瓷绝缘子	XP-10	个	8	

四、作业步骤和质量标准

（1）按照带电作业现场标准化流程完成准备工作。

（2）1 号、2 号电工登杆（塔）至作业横担位置，绑好安全带，挂好滑车及传递绳。选择滑车挂点位置时，应注意既要方便工具的传递和取用，又要使工具的传递路线与操作相的引流线保持足够的安全距离。

（3）地面电工绑好火花间隙检测器传递至杆上，1 号电工检测绝缘子。检测时应先调校放电间隙，从导线侧向横担侧逐片检测，认真听放电声。

（4）地面电工将组装好的卡具、丝杆、绝缘拉板、绝缘操作杆、绝缘托瓶架按照操作顺序逐件传递至杆上。

（5）1 号电工持卡具、2 号电工持绝缘操作杆，相互配合将导线侧卡具固定在耐张线夹上并上好插销，将横担侧卡具固定在横担和绝缘子串的连接金具上。安装导线侧卡具时应检查插销插入到位并露出端头，安装横担侧卡具时应确认金具嵌入卡槽正确到位。安装过程 1 号电工的身体部位不得超过第一片绝缘子。图 5-1-3、图 5-1-4 为前、后卡具安装示意。

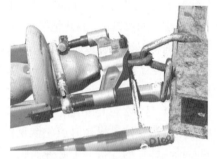

图 5-1-3　前卡具安装示意　　　　　　图 5-1-4　后卡具安装示意

（6）2 号电工手持绝缘操作杆与 1 号电工配合将绝缘脱瓶架的绝缘管插入导线侧支撑架，将绝缘托瓶架的三角固定架与横担侧卡具连接并上好螺栓。绝缘托瓶架安装前应调节好导线侧支撑架的高度，使托瓶架的绝缘管能与绝缘子串平行、紧贴。安装后应检查托瓶架 2 根绝缘管是否均已插入导线侧支撑架。1 号电工安装托瓶架的三角固定架时应注意手脚与横担下方的引线保持足够的安全距离。图 5-1-5 为托瓶架安装示意。

（7）1 号、2 号电工配合将防脱落保护绳安装在导线与横担之间并绑牢，1 号电工稍稍收紧丝杆，2 号电工将装在绝缘操作杆端部的反光镜放置在导线侧碗头挂板附近，并调整好角度，使 1 号电工能看清碗头挂板内的弹簧销，1 号电工利用绝缘操作杆上的取销器取出导线侧弹簧销。取弹簧销前应收紧丝杆使其稍稍受力，以碗头挂板内的绝缘子钢脚不卡住弹簧销为宜。图 5-1-6 为使用取销器取弹簧销。

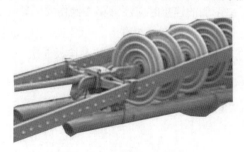

图 5-1-5　托瓶架安装示意　　　　　　图 5-1-6　使用取销器取弹簧销

（8）1号电工继续收紧丝杆使绝缘子串松弛在绝缘托瓶架上，冲击检查承力工具后，2号电工用操作杆脱开绝缘子串与导线侧碗头挂板的连接。收紧丝杆时应保持两侧丝杆均衡受力，收紧长度大致相同，摇动丝杆时用力要均匀，尽量减小绝缘拉板的扭动幅度。2号电工脱碗头挂板时可利用绝缘操作杆前后移动绝缘子串，便于碗头挂板内的钢脚脱出。

（9）1号电工用传递绳绑牢绝缘子串地面电工拉住传递绳，1号电工取出横担侧第一片绝缘子的弹簧销，脱开绝缘子碗头与金具连接。1号、2号电工与地面电工配合，利用传递绳将旧绝缘子传递至地面，换上新绝缘子。传递绝缘子应使用规范电工绳扣绑扎，1号电工取销、脱碗头时手和工具不得超过第二片绝缘子，绝缘子串吊离、放入托瓶架时应平稳顺滑，以防止绝缘子与金属部件磕碰或卡入托瓶架。

（10）1号、2号电工配合恢复绝缘子串两侧的连接并上好弹簧销。操作时应先恢复横担侧绝缘子钢帽与球头挂环的连接并上好弹簧销，再通过调节丝杆和移动绝缘子串使导线侧最后一片绝缘子的钢脚对准碗头挂板的球窝，2号电工利用绝缘操作杆上的碗头扶正器恢复导线侧碗头挂板与绝缘子球头的连接，检查连接正常恢复荷载。绝缘子安装工艺要求绝缘子钢帽开口统一朝上，钢帽与钢脚连接到位，所有弹簧销穿插到位弹力正常。图5-1-7为碗头挂板安装示意。

图5-1-7 碗头挂板安装示意

（11）1号、2号电工配合拆除防脱落保护绳、前后卡具，利用传递绳将工具传递至地面，检查塔上无遗留工具后，携绝缘传递绳返回地面。整理工具材料，作业结束。

（12）按带电作业现场标准化作业流程进行"工作终结"。

【思考与练习】

1. 带电更换110kV单串耐张绝缘子的主要工具有哪些？
2. 换上新绝缘子串后，恢复绝缘子串两侧的连接时应注意哪些操作要领？
3. 使用装有取销钳的绝缘操作杆进行取、放销练习5次。
4. 使用碗头扶正器在转移荷载后的110kV耐张串上脱、装碗头挂板5次。

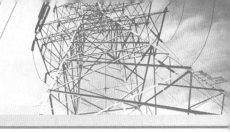
第六章

进出电场操作方法

◢ 模块1　进出电场操作方法（Z07E4001Ⅰ）

【模块描述】本模块包含进出电场的作业方法、工艺要求及相关安全注意事项。通过作业方法及操作实例介绍，熟悉等电位作业进出电场的各种方法，掌握等电位作业进出电场作业前的准备、危险点分析和控制措施、作业步骤、工艺要求和质量标准。

【模块内容】

一、工作内容

等电位作业法是带电作业中常用的作业方法之一，本部分主要介绍以绝缘软梯和绝缘平梯作为进电场工具进出电场的方法，对于采用绝缘直立竖梯、绝缘挂梯、绝缘斗臂车、坐椅（吊篮）作为进电场工具的作业方法只作简单的介绍。

（一）等电位进出电场作业方法介绍

1. 沿直立式绝缘竖梯进入电场

绝缘竖梯包括绝缘单梯、绝缘人字梯、绝缘独脚梯、绝缘升降梯和绝缘平台等，直立绝缘竖梯以地面为依托组立，适合用于导线对地距离较小或断股损伤、截面较小不宜悬挂软梯的导、地线，也常用于变电站内的带电作业。直立绝缘竖梯使用时，应根据高度不同设置1～3层四方绝缘拉绳。每层4根拉绳相邻之间在水平方向应互成90°夹角，且对地夹角应在30°～40°。如因场地限制，不能满足要求时，也必须利用建筑物设法牢固固定，严禁以移动物体作为锚固点。直立式竖梯的竖立或放倒，应使用绝缘绳控制，以防止突然倾倒。图6-1-1为沿绝缘升降梯进入电场。

图6-1-1　沿绝缘升降梯进入电场

2. 沿绝缘挂梯进入电场

绝缘挂梯包括软质绝缘挂梯和硬质绝缘挂梯，具体有绝缘软梯、绝缘蜈蚣梯、绝缘士字梯等，目前以绝缘软梯运用最为广泛。以导、地线或横担为依托悬挂绝缘挂梯，使用前应按安规要求核对导、地线截面，必要时还应验算其强度。同时应考虑挂梯作业过程导、地线增加集中荷载后，对地以及交叉跨越物的安全距离是否满足要求。绝缘软梯（或其他挂梯）通常的安装方法是，先用绝缘操作杆、射绳枪或横担抛挂等方法，在要作业的导线上挂一条绝缘绳，再利用绝缘绳，将连接着专用梯头的绝缘软梯拉上导线挂好。等电位电工登梯时，地面电工应将绝缘软梯拉直，使梯身尽量垂直于地面。绝缘软梯的优点是作业方便，操作灵活、轻巧，运输方便，安全可靠，在输电线路带电作业中使用较广。其缺点是悬挂点较高时等电位电工攀登体力消耗较大；需依托导、地线悬挂，如果架空线截面小或损伤严重就无法进行挂梯作业。图 6-1-2 为等电位电工沿绝缘软梯进入电场。

图 6-1-2　沿绝缘软梯进入电场

3. 沿绝缘平梯进入电场

沿绝缘平梯进入电场作业使用的绝缘平梯，通常是在端部设置导线挂钩或绝缘吊拉绳，使用时一端固定在杆塔的适当位置，另一端挂住导、地线或使用绝缘吊拉绳悬吊控制，如使用吊拉绳时，吊拉绳与绝缘平梯的夹角应大于 30°。如使用的绝缘平梯较长时，梯身中部位置应增设吊拉绳。这种方法简单方便，作业人员体力消耗小，不受悬挂高度的限制，对导线的应力和弧垂影响极小，很适合于在杆塔附近的导线上进行等电位作业。等电位电工沿绝缘平梯进入电场时，宜采用骑跨式移动至梯头，每次移动距离不能太长。如因设备限制，沿平梯通道进入电场的安全距离或组合间隙不能满足规程要求时，也可采用转动平梯进入电场，转动平梯一般平行于导线安装，平梯的前端设置吊拉绳和转动控制绳，作业时等电位电工先沿平梯移动至前端坐稳，地面电工利用转动控制绳，拉动平梯将梯身旋转至带电体附近稳固后，等电位电工进入电场。图 6-1-3 为等电位电工沿绝缘平梯进入电场。

4. 乘座椅（吊篮、小挂梯）进入电场

乘座椅（吊篮）进入电场的的作业方式，一般适用于 220～500kV 杆塔高、线间距离大的直线塔等电位作业。座椅（吊篮）通常由 2 根绝缘吊拉绳和 1 个绝缘滑车组控制，绝缘吊拉绳固定在绝缘子串挂点横担附近，绝缘吊拉绳的长度应经准确计算或实际测量，保证等电位电工进入电场后，头部不超过导线侧第一片绝缘子。作业时绝缘滑车组由杆塔上电工负责控制，先处于收紧状态，等电位电工在座椅（吊篮）上坐稳并绑好安全带后，绝缘滑车组再缓缓松出，等电位电工沿绝缘吊拉绳摆动轨迹进入电场。此种作业方式应充分考虑等电位电工移动轨迹上的多个组合间隙均应满足规程要求。图 6-1-4 为乘座椅（吊篮）进入电场。

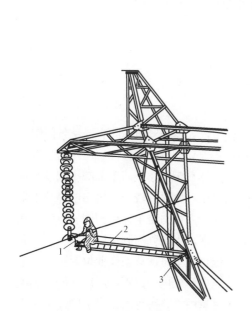

图 6-1-3　沿绝缘平梯进入电场
1—挂钩；2—绝缘平梯；3—固定绳

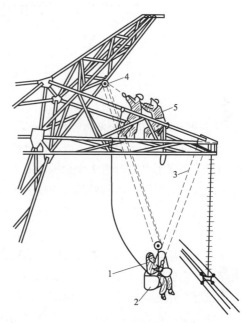

图 6-1-4　乘座椅（吊篮）进入电场
1—等电位电工；2—座椅（吊篮）；3—吊绳；
4—滑车组；5—地电位电工

5. 沿绝缘子串进入电场

沿绝缘子串进入电场的作业方式，一般适用于 220kV 及以上电压等级的耐张绝缘子串。作业时等电位电工身体与绝缘子串垂直，脚踩其中一串绝缘子，手扶另一串绝缘子，手脚在绝缘子串上的位置必须保持对应一致，通常采用跨二短三的方法，短接的绝缘子一般不超过 3 片，当扣除被短接片数后良好绝缘子片数能够满足表 6-1-1，短接片数可适当增加。采用此方法进行作业时组合间隙还要满足《电力安全工作规程》电力线路部分的要求。图 6-1-5 为等电位电工沿绝缘子串进入电场。

表6-1-1 良好绝缘子片数

电压等级/kV	220	330	500	750	1000	±500	±660	±800
片数	9	16	23	25	37	22	25	32

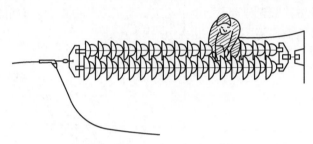

图6-1-5 沿绝缘子串进入电场

（二）交流线路上的电位转移方法

等电位作业人员沿绝缘体进入高电位的过程中，人体与带电体间有一空气间隙，就相当于出现了电容器的2个极板，随着人体与带电体的逐步靠近，感应作用也逐渐强烈，人体与导线之间的局部电场越来越高。当人体与带电体之间距离减小到场强足以使空气发生游离时，带电体与人体之间将发生放电，此时有较大的暂态电容放电电流流过；当人体完全接触带电体后，中和过程完成，人体与带电体达到同一电位。在作业人员脱离带电体时，静电感应现象也会同时出现，当场强高到足以使空气发生游离时，带电体与人体之间又将发生放电。在等电位过程中每次移动作业位置时，如果人体没有与带电体保持同一电位的话，都要出现充电和放电的过程。所以就要求等电位作业人员，在进行电位转移时动作要迅速，应尽量用手、脚等动作灵敏的部位进行充、放电，以缩短放电时间，防止电弧烧坏屏蔽服。同时，等电位作业人员在进行电位转移时，应得到工作负责人的同意，并防止头部等要害部位充放电。750kV及以上电压等级还应使用电位转移棒进行电位转移。

二、沿软梯进出电场操作实例

（一）危险点分析和控制措施

沿软梯进出电场的常见危险点和预控措施如表6-1-2所示。

表6-1-2 危险点分析和预控措施

序号	危险类型	危险点	预控措施
1	工具失效	工具连接失效	作业前应认真检查软梯、软梯头的完好情况，登软梯前应做悬重试验

续表

序号	危险类型	危险点	预控措施
2	机械伤害	作业过程中绝缘子断串	挂软梯前应先检查档距两端导线悬挂点绝缘子串金具的完好情况
		导线断裂	挂软梯的导地线截面应符合规程的要求，在孤立档导地线上的作业应经计算合格、领导批准
		高处落物	工具材料应用绝缘绳索传递，小件物品应装袋，作业点正下方禁止人员逗留
3	高处坠落	登高及移位过程中发生高处坠落	攀登杆塔时，注意爬梯或脚钉是否牢固、可靠，安全带应系在牢固的构件上，检查扣环是否扣牢。杆上转移作业位置时，不得失去安全带保护
		作业过程中发生高处坠落	等电位电工作业时，应在其上方（或相邻）的导地线上，挂防坠落后备保护绳
4	高电压	感应电刺激伤害	在330kV及以上电压等级的线路杆塔上及变电站构架上作业，应采取防静电感应措施，如穿静电感应防护服、导电鞋等（220kV线路杆塔上作业时宜穿导电鞋）
		工具绝缘失效	（1）应定期试验合格。 （2）运输过程中妥善保管，避免受潮。 （3）使用时操作人员应戴防汗手套。并注意保持足够有效绝缘长度。 （4）现场使用前应用绝缘测试仪器检查其绝缘阻值不小于700MΩ
		空气间隙击穿	（1）作业前应确认空气间隙满足安全距离的要求，对于无法确认的，应现场实测确认后，方可进行作业。 （2）等电位电工进场过程中应尽量缩小身体的活动范围，以免造成组合间隙不足。等电位作业人员在电场中应注意与接地体和邻相导线保持安全距离
		短路	挂软梯作业前应先查看导线对交叉跨越物的接近距离，必要时要进行弧垂计算
5	恶劣天气	气象条件不满足要求	带电作业应在良好的天气下进行。如遇雷、雨、雪、雾不得进行带电作业，风力大于5级时，一般不宜进行带电作业
		天气突变	作业前应事先了解天气情况，在作业现场的工作负责人应时刻注意天气变化，特别是夏季的雷雨。作业过程中发生天气突变时，在保证人员安全的前提下尽快撤离工具

注　在海拔1000m以上带电作业时，应根据不同海拔高度，修正各类空气与固体绝缘的安全距离和长度、绝缘子片数等。

（二）作业前准备

1. 作业方式

等电位电工直接从地面沿软梯进出电场。

2. 人员组合

工作负责人（监护人）1 人、杆（塔）上电工 1 人、等电位电工 1 人、地面电工 3 人。

3. 作业工器具、材料配备

软梯进出电场所使用的主要工具如表 6-1-3 所示。

表 6-1-3　　　　　　　　主 要 工 器 具、材 料

序号	工具名称	型号/规格	单位	数量	备注
1	绝缘软梯	15m	副	1	长度根据需要选取
2	绝缘安全带		条	2	
3	跟斗滑车		个	1	
4	软梯头		副	1	
5	屏蔽服	Ⅱ型	套	1	
6	绝缘绳	ϕ8mm	条	2	
7	绝缘绳	ϕ16mm	条	1	防坠落后备保护绳
8	绝缘滑车	5kN	个	2	
9	绝缘操作杆	3m	副	1	长度根据需要选取
10	小挂钩		只	1	
11	绝缘绳套	ϕ14mm×300mm	条	2	
12	绝缘测试仪	ST2008	台	1	也可用绝缘电阻表
13	防潮苫布		块	2	

（三）作业步骤和质量标准

（1）按照带电作业现场标准化流程完成准备工作。将绝缘软梯和软梯头组装成待用状态。

（2）1 号电工登杆塔至作业相导线横担位置，绑好安全带，挂好滑车及传递绳。

（3）地面电工利用传递绳，将端部装有小挂钩的绝缘操作杆和预先穿好绝缘绳的跟斗滑车传递到杆塔上，1 号电工持绝缘操作杆将跟斗滑车挂到作业相导线上。1 号电工利用传递绳将绝缘操作杆传递至地面后，拆除滑车，携带传递绳下杆塔。

（4）地面电工先将穿好防坠落后备保护绳的绝缘滑车挂在软梯头上，再将跟斗滑车内的绝缘绳一端绑在软梯头的吊点上，地面电工拉住绝缘绳的另一端，将连着绝缘

软梯的软梯头吊起。软梯头到达导线位置后，地面电工通过控制软梯，转动或翻转软梯头，将软梯头挂上导线，并与杆上电工配合完成软梯头闭锁。图 6-1-6 为软梯头挂上导线示意。

图 6-1-6　软梯头挂上导线示意

（5）2 名地面电工同时向下拉拽绝缘软梯，用力冲击 3 次进行检查。等电位电工穿好全套屏蔽服，地面电工对屏蔽服进行检查，确认各部位连接可靠。等电位电工绑好安全带并将防坠落后备保护绳的一端固定在安全带上，由 1 名地面电工拉住防坠落后备保护绳的另一端，2 人同时向下用力冲击 3 次进行检查。

（6）2 名地面电工拉紧绝缘软梯，使梯身绷紧并与地面垂直，等电位电工经工作负责人同意后携带一条绝缘绳开始攀登软梯，地面电工拉住防坠落后备保护绳保持紧绷状态。等电位电工登软梯接近至带电体临界放电位置，向工作负责人申请电位转移，经同意后快速抓住带电体进入电场，完成等电位过程。

（7）等电位电工绑好安全带上软梯头保险插销，即可开始相应作业。作业完成后等电位电工将一条绝缘绳绑在跟斗滑车头部挂环内，拆除软梯头保险插销解开安全带。沿软梯退至软梯头下方，手抓软梯头金属部分，向工作负责人申请脱离电位，经许可后快速脱离电位沿绝缘软梯返回地面，解开防坠落保护绳。

（8）地面电工拉紧跟斗滑车内的绝缘绳，使软梯头脱离导线，再通过绝缘绳将绝缘软梯及软梯头下落至地面。地面电工拉紧绑在跟斗滑车头部的绝缘绳，使跟斗滑车翻转，再慢慢松出穿在跟斗滑车里的绝缘绳，使跟斗滑车下落至地面，最后将搭挂在导线上的绝缘绳拉下。

（9）按带电作业现场标准化作业流程进行"工作终结"。

三、沿绝缘平梯进出电场操作实例

（一）危险点分析和控制措施

绝缘平梯进出电场的常见危险点和预控措施如表 6-1-4 所示。

表 6-1-4 危险点分析和预控措施

序号	危险类型	危险点	预控措施
1	工具失效	工具连接失效	作业前应认真检查绝缘平梯各部位完好情况，作业过程绝缘平梯应安装固定牢靠
2	机械伤害	作业过程中绝缘子断串	挂绝缘平梯前应先检查档距两端导线悬挂点绝缘子串金具的完好情况
		导线断裂	挂梯的导地线截面应符合规程的要求
		高处落物	工具材料应用绝缘绳索传递，小件物品应装袋，作业点正下方禁止人员逗留。上、下传递绝缘平梯时应绑牢
3	高处坠落	登高及移位过程中发生高处坠落	攀登杆塔时，注意爬梯或脚钉是否牢固、可靠，安全带应系在牢固的构件上，检查扣环是否扣牢。杆上转移作业位置时，不得失去安全带保护
		作业过程中发生高处坠落	等电位电工作业时，应在其上方挂一条防坠落后备保护绳
4	触电	感应电刺激伤害	在 330kV 及以上电压等级的线路杆塔上及变电站构架上作业，应采取防静电感应措施，如穿静电感应防护服、导电鞋等（220kV 线路杆塔上作业时宜穿导电鞋）
		工具绝缘失效	（1）应定期试验合格。 （2）运输过程中妥善保管，避免受潮。 （3）使用时操作人员应戴防汗手套。并注意保持足够有效绝缘长度。 （4）现场使用前应用绝缘测试仪器检查其绝缘阻值不小于 700MΩ
		空气间隙击穿	（1）作业前应确认空气间隙满足安全距离的要求，安装绝缘平梯时应充分考虑等电位电工进场通道，保证其移动过程中组合间隙均能满足要求。 （2）等电位电工作业过程中应尽量缩小身体的活动范围，进电场时宜采用骑马式移动至梯头，每次移动距离不能太长，以免造成组合间隙不足。等电位作业人员在电场中应注意与接地体和邻相导线保持安全距离
5	恶劣天气	气象条件不满足要求	带电作业应在良好的天气下进行。如遇雷、雨、雪、雾不得进行带电作业，风力大于 5 级时，一般不宜进行带电作业
		天气突变	作业前应事先了解天气情况，在作业现场的工作负责人应时刻注意天气变化，特别是夏季的雷雨。作业过程中发生天气突变时，在保证人员安全的前提下尽快撤离工具

注 在海拔 1000m 以上带电作业时，应根据不同海拔高度，修正各类空气与固体绝缘的安全距离和长度、绝缘子片数等。

（二）作业前准备

1. 作业方式

等电位电工直接沿绝缘平梯进出电场。

2. 人员组合

工作负责人（监护人）1人、杆（塔）上电工1人、等电位电工1人、地面电工3人。

3. 作业工器具、材料配备

沿绝缘平梯进出电场所使用的主要工具如表6-1-5所示。

表6-1-5　　　　　　　　主 要 工 器 具、材 料

序号	工具名称	型号/规格	单位	数量	备注
1	绝缘平梯	6m	副	1	长度根据需要选取
2	绝缘安全带		条	2	
3	屏蔽服	Ⅱ型	套	1	
4	绝缘绳	ϕ12mm	条	1	传递绳
5	绝缘绳	ϕ16mm	条	1	防坠落后备保护绳
6	绝缘滑车	5kN	个	2	
7	绝缘绳套	ϕ14mm×300mm	条	2	
8	绝缘测试仪	ST2008	台	1	也可用绝缘电阻表

（三）作业步骤和质量标准

（1）按照带电作业现场标准化流程完成准备工作。将绝缘平梯组装成待用状态。

（2）1号电工登杆塔至作业相导线横担位置绑好安全带，挂好滑车及传递绳。等电位电工随后登杆到达导线水平位置。

（3）地面电工利用传递绳将端部装有导线挂钩的绝缘平梯传递到杆塔上，传递时绝缘平梯装有挂钩的一端向上。1号电工通过摆动绝缘平梯上端，将下端传递给等电位电工，地面电工缓缓松下传递绳，使绝缘平梯呈水平状态，等电位电工控制绝缘平梯，将端部挂钩挂上导线，将绝缘平梯绑牢在杆塔上。

（4）等电位电工绑好防坠落后备保护绳，安全带绕过绝缘平梯绑在身上。低姿骑跨在平梯上，请示工作负责人经同意后，沿绝缘平梯向导线侧移动，移动时要保持身体平衡移动距离不宜太大。当接近带电体至电位转移的规定距离时，向工作负责人申

请电位转移，经同意后快速接触抓住带电体进入电场，完成等电位过程。

（5）作业完成后等电位电工手抓导线或绝缘平梯挂钩金属部分，身体与带电体保持一定的距离，向工作负责人申请脱离电位，经许可后快速脱离电位，沿绝缘平梯返回杆塔处，解开防坠落保护绳，将安全带转移到杆塔上。

（6）等电位电工配合解开绝缘平梯上的固定绳，地面电工拉紧传递绳，使绝缘平梯的挂钩脱离导线，地面电工继续提升绝缘平梯，1号电工配合将绝缘平梯转动到竖直状态，地面电工松出传递绳，将绝缘平梯放落至地面。

（7）等电位电工下杆塔，1号电工携带滑车及传递绳下杆塔。

（8）按带电作业现场标准化作业流程进行"工作终结"。

【思考与练习】

1. 在输电线路上挂软梯进行等电位作业存在哪些危险点？

2. 使用绝缘软梯作业有哪些优缺点？

3. 输电线路带电作业进入电场的方式主要有哪些？

第三部分

常规带电作业

第七章

导 线 带 电 修 补

▲ 模块 1　带电修补导线（Z07F1001Ⅱ）

【模块描述】本模块包含导线修补的相关规定、带电修补导线操作方法和步骤。通过作业方法及其工艺介绍，了解导线修补的有关规定和工艺要求，熟练掌握带电修补导线的作业前准备、危险点分析和控制措施、作业步骤和质量标准。

【模块内容】

一、工作内容

（一）设备简介

1. 导线的排列方式

导线的排列方式一般分为 3 种：三角形排列、水平排列和垂直排列，其中三角形排列和水平排列一般用在单回路上，垂直排列用在同塔共架双回路或多回路线路上。三角形排列的上相导线、垂直排列的上、中相导线存在导线承受集中荷载后，弧垂增大的线间安全距离问题，须进行计算校核后才能开展带电修补导线作业。图 7-1-1 为 3 种导线在杆塔上的排列方式。

2. 导线的分裂形式

导线的分裂形式一般有：单分裂、双分裂、三分裂、四分裂、六分裂和八分裂等，常见的导线分裂方式为单分裂、双分裂、四分裂。单分裂、双分裂导线上的作业一般采用滑线的方式进行，三分裂及以上分裂的导线可采用走线的方式进行。

（二）导线修补的相关规定

1. 磨光处理

导线在同一处的损伤同时符合下述情况时，可不作补修，只将损伤处棱角与毛刺用 0 号砂纸磨光。

（1）铝、铝合金单股损伤深度小于直径的 1/2。

（2）钢芯铝绞线及钢芯铝合金绞线损伤截面积为导电部分截面积的 5%及以下，且强度损失小于 4%。

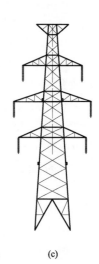

(a)　　　　　　　　(b)　　　　　　　　(c)

图 7-1-1　导线在杆塔上的排列方式

（a）三角形排列；（b）水平排列；（c）垂直排列

（3）单金属绞线损伤截面积为 4% 及以下。

"同一处"损伤截面积是指该损伤处在一个节距内的每股铝丝沿铝股损伤最严重处的深度换算出的截面积总和。损伤深度达到直径的1/2时按断股论。

2. 补修处理

导线在同一处损伤需采用补修处理时应符合表 7-1-1 的规定。

表 7-1-1　　　　　　　　　　导线损伤补修处理标准

处理标准	不同线别导线的损伤情况	
	钢芯铝绞线与钢芯铝合金绞线	铝绞线与铝合金绞线
以缠绕或补修预绞丝补修	导线在同一处损伤的程度已经超过磨光处理的规定，但因损伤导致强度损失不超过总拉断力的 5%，且截面积损伤又不超过总导电部分截面积的 7% 时	导线在同一处损伤的程度已经超过磨光处理的规定，但因损伤导致强度损失不超过总拉断力的 5% 时
以补修管补修	导线在同一处损伤的强度损失已经超过总拉断力的 5%，但不足 17%，且截面积损伤也不超过导电部分截面积的 25% 时	导线在同一处损伤的强度损失已经超过总拉断力的 5%，但不足 17% 时

3. 切断重接

导线在同一处损伤符合下述情况之一时，必须将损伤部分全部切去，重新以接续管连接：

（1）导线损失的强度或损伤的截面积超过采用补修管补修的规定时。

（2）连续损伤的截面积或损失的强度都没有超过用补修管补修的规定，但其损伤长度已超过补修管能补修的范围。

（3）复合材料的导线钢芯有断股。

（4）金钩、破股已使钢芯或内层铝股形成无法修复的永久变形。

（三）作业方法介绍

线路带电修补导线，一般采用挂软梯的方法进入电场。但对于断股严重或有交叉跨越距离较近的导线，可采用绝缘立梯的方法进入电场。导线修补视其损伤程度有以下 5 种方法。

1. 导线打磨处理

等电位电工进入电场，用 0 号砂纸顺着线股的绞制方向，将导线损伤处棱角与毛刺磨光，并用纱布清抹干净。

2. 单丝缠绕处理导地线损伤

单丝缠绕修补导线如图 7-1-2 所示。等电位电工进入电场，将受伤处线股处理平整，导地线缠绕材料应与被修补导地线的材质相适应，缠绕紧密，并将受伤部分全部覆盖，距损伤部位边缘单边长度不得小于 50mm。

图 7-1-2　单丝缠绕修补导线

3. 补修预绞丝处理导线损伤

补修预绞丝修补导线如图 7-1-3 所示。等电位电工进入电场，将受伤处线股处理平整，补修预绞丝长度不得小于 3 个节距，补修预绞丝应与导线接触紧密，其中心应位于损伤最严重处，并应将损伤部位全部覆盖。

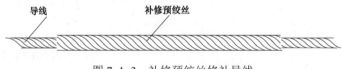

图 7-1-3　补修预绞丝修补导线

4. 补修管修补导线损伤

等电位电工进入电场，将损伤处的线股恢复原绞制状态，补修管应完全覆盖损伤部位，其中心位于损伤最严重处，两端应超出损伤部位边缘 20mm 以上，补修管安装、压接操作如图 7-1-4 所示。

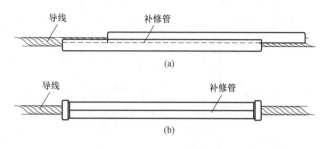

图 7-1-4　补修管修补导线

（a）补修管安装；（b）压接好的补修管

5. 全张力预绞修补

全张力接续条用于钢芯铝绞线的断线接续、破损修复等场合，可替代液压、爆压接续管使用。全张力接续条由内层条、填充条、外层条三部分组成，内层条用来接续钢芯；填充条安装在内层条上，保证安装后的外径和钢芯铝绞线的外径相同；外层条用来补偿剥掉的铝绞线。使用时，无论导线新旧与否，必须将钢芯铝绞线安装接续条长度范围内表面彻底打磨，使表面光亮和干净之后进行安装。

全张力预绞丝如图 7-1-5 所示。当导线伤及钢芯时，可采用全张力预绞丝修补，带电修补时应采用搭设绝缘平台或绝缘站梯进入电场，修补前应先安装分流线，并将导线的张力转移到收线系统上，然后进入修补。

图 7-1-5　全张力预绞丝

二、危险点分析和预控措施

软梯进入电场修补导线的常见危险点和预控措施如表 7-1-2 所示。

表 7–1–2 危险点分析和预控措施

序号	危险类型	危险点	预控措施
1	工具失效	工具连接失效	作业前应认真检查软梯、软梯头的完好情况，登软梯前应做悬重试验
2	机械伤害	导地线断裂	（1）在导、地线上悬挂软梯、飞车进行等电位作业前，应检查本档两端杆塔处导、地线的紧固情况。 （2）作业前应确认导地线的受损情况，必要时应进行强度校验。 （3）线上作业人员的双保险不应系在同一位置。 （4）挂软梯的导地线截面应符合规程的要求，在孤立档导地线上的作业应经计算合格领导批准
2	机械伤害	作业过程中绝缘子断串	挂软梯前应先检查档距两端导线悬挂点绝缘子串金具的完好情况
2	机械伤害	高处落物	工具材料应用绝缘绳索传递，小件物品应装袋，作业点正下方禁止人员逗留
3	高处坠落	登高及移位过程中发生高处坠落	攀登杆塔时，注意爬梯或脚钉是否牢固、可靠，安全带应系在牢固的构件上，检查扣环是否扣牢。杆上转移作业位置时，不得失去安全带保护
3	高处坠落	作业过程中发生高处坠落	（1）安全带、后备保护绳应分别系挂在不同的牢固构件上。 （2）等电位电工作业时，应在其上方（或相邻）的导地线上挂防坠落后备保护绳
4	高电压	感应电刺激伤害	（1）在 330kV 及以上电压等级的线路杆塔上及变电站构架上作业，应采取防静电感应措施，例如，穿静电感应防护服、导电鞋等（220kV 线路杆塔上作业时宜穿导电鞋）。 （2）绝缘架空地线应视为带电体。作业前应用接地线将其可靠接地或采用等电位方式进行
4	高电压	工具绝缘失效	（1）应定期试验合格。 （2）运输过程中妥善保管，避免受潮。 （3）保持足够有效绝缘长度。 （4）现场使用前应检查其绝缘电阻值不小于 700MΩ
4	高电压	空气间隙击穿	（1）作业前应确认空气间隙满足安全距离的要求，对于无法确认的，应现场实测确认后，方可进行作业。 （2）在传递尺寸较大材料和工具时，应有有效的控制措施。 （3）专责监护人应时刻注意和提醒操作人员动作幅度不能过大，注意安全距离
4	高电压	短路	（1）挂软梯作业前应先查看导线对交叉跨越物的接近距离，必要时要进行弧垂计算。 （2）传递安装长度较长的补修条时应注意与接地体、邻相导线保持足够的安全距离
5	恶劣天气	气象条件不满足要求	带电作业应在良好的天气下进行。如遇雷、雨、雪、雾，不得进行带电作业，风力大于 5 级时，一般不宜进行带电作业
5	恶劣天气	天气突变	（1）作业前应事先了解天气情况，在作业现场的工作负责人应时刻注意天气变化，特别是夏季的雷雨。 （2）作业过程中发生天气突变时，在保证人员安全的前提下尽快撤离工具

注 在海拔 1000m 以上带电作业时，应根据不同海拔高度，修正各类空气与固体绝缘的安全距离和长度、绝缘子片数等。

三、作业前准备

1. 作业方式

由地面登绝缘软梯进入 220kV 线路电场等电位，用预绞丝补修条修补导线。此方式适合在于导线水平排列、三角形排列的两边相及垂直排列的下相上作业。

2. 人员组合

工作负责人（兼监护人）1 人、等电位电工 1 人、塔上电工 1 人、地面电工 2 人。

3. 作业工器具、材料配备

软梯进入电场修补导线所使用的主要工具如表 7-1-3 所示。

表 7-1-3 主要工器具、材料

序号	工具名称	规格、型号	单位	数量	备注
1	绝缘绳	$\phi 14mm$	根	2	
2	跟头滑车	5kN	个	1	
3	绝缘滑车	5kN	个	1	
4	绝缘绳套	$\phi 10mm$	根	2	
5	绝缘操作杆	220kV 等级	根	1	
6	绝缘软梯	15m	副	1	带登软梯后备保护绳
7	屏蔽服	Ⅱ型	套	2	
8	防潮苫布	3m×3m	块	1	
9	绝缘测试仪	ST2008	台	1	也可用绝缘电阻表
10	预绞丝补修条		组	1	

四、作业步骤和质量标准

（1）按照带电作业现场标准化流程完成准备工作。

（2）塔上电工携带绝缘绳登塔至横担适当位置，系好安全带，将绝缘滑车及绝缘绳在作业横担适当位置安装好。

（3）地面电工用绝缘传递绳将绝缘操作杆和跟头滑车传递给塔上电工。塔上电工使用绝缘操作杆，将带有绝缘绳的翻斗滑车挑挂到需修补相的导线上。

（4）地面电工用绝缘绳将跟头滑车拉到作业位置，用绝缘绳将绝缘软梯挂到导线上（对于地形条件不好的地方，可由塔身附近悬挂软梯头，在横担上留有控制绳，等电位电工进入等电位后乘软梯头滑至修补处进行修补）。

（5）等电位电工攀登软梯，地面电工控制软梯尾部。等电位电工攀登软梯至工作相导线下方约 0.6m 处左右，向工作负责人申请等电位，得到工作负责人同意后，快速接触抓住带电部位进入等电位，将安全带系在导线上。

（6）将受伤处线股处理平整，用 0 号砂纸将修补导线表面的氧化层进行打磨处理。

（7）地面电工用绝缘传递绳，将预绞丝修补条传递给等电位电工；修补时，预绞丝应与导线接触紧密，其中心应位于损伤最严重处并将其全部覆盖，且其修补长度不得小于 3 个节距。

（8）等电位电工向工作负责人申请脱离电位，许可后沿绝缘软梯回到地面。

（9）地面电工用绝缘绳将绝缘软梯传至地面后，将跟头滑车拉到绝缘子串挂点附近，塔上电工用绝缘操作杆将跟头滑车拆除并放至地面。

（10）塔上电工检查确认塔上无遗留工具后，汇报工作负责人，得到同意后携绝缘无极绳平稳下塔。

（11）按带电作业现场标准化作业流程进行"工作终结"。

【思考与练习】

1. 简述导线损伤修补处理标准。

2. 简述在连续档距的导、地线上挂梯（或飞车）时，对导、地线的截面的要求。

3. 在模拟线路采用软梯作业法进行预绞丝修补条安装操作 2 次。

第八章

防护金具带电更换

▲ 模块1 带电更换防护金具（Z07F2001Ⅰ）

【模块描述】本模块包含防护金具介绍、单分裂导线和多分裂导线带电更换防护金具的操作步骤。通过作业方法及操作实例介绍，熟悉导线保护金具更换的方法，掌握带电更换防护金具作业前的准备、危险点分析和控制措施、作业步骤和质量标准。

【模块内容】

一、工作内容

带电更换导线保护金具一般采用等电位作业法，本部分主要介绍采用绝缘软梯等电位作业带电更换220kV线路水平排列单分裂导线防振锤，以及500kV线路三角形排列中相四分裂导线带电更换间隔棒的作业方法，对于其他方法只做简单的介绍。

1. 保护金具介绍

保护金具（也称防护金具）的作用是保护架空输电线路元件不受电气和机械损害。保护金具分电气和机械两大类。

电气类保护金具主要有均压环、屏蔽环等；机械类保护金具主要有防振锤、护线条、重锤片、间隔棒等，如图8-1-1至图8-1-4所示。

2. 导线保护金具更换方法介绍

（1）均压环更换根据均压环的形式不同，分两种方法，一种是开口式的，可直接进行更换；另一种是封闭式的，需将导线起吊，使导线和绝缘子串分离后进行更换，更换完毕，恢复导线和绝缘子串的连接。

（2）护线条更换需将导线起吊，拆除悬垂线夹后进行更换。注意，提线工具组应有2套，分别安装在绝缘子串的两侧，2套提线工具交替受力才可将护线条拆除和安装。

（3）其他保护金具如屏蔽环、防振锤、重锤片、间隔棒等的更换，均可进行等电位直接拆装更换。

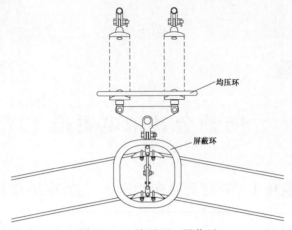

图 8-1-1　均压环、屏蔽环

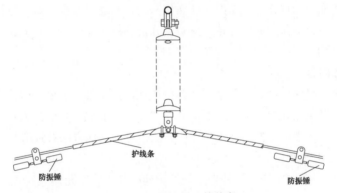

图 8-1-2　防振锤、护线条

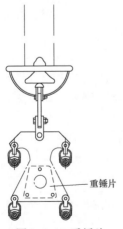

图 8-1-3　重锤片

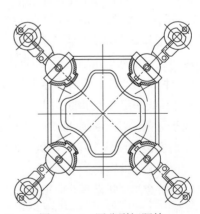

图 8-1-4　四分裂间隔棒

二、220kV 线路水平排列单分裂导线，带电更换防振锤操作实例

（一）危险点分析和预控措施

软梯进入电场更换防振锤的常见危险点和预控措施如表 8-1-1 所示。

表 8-1-1 危险点分析和预控措施

序号	危险类型	危险点	预控措施
1	工具失效	工具连接失效	作业前应认真检查软梯、软梯头的完好情况，登软梯前应做悬重试验
2	机械伤害	高处落物	工具材料应用绝缘绳索传递，小件物品应装袋，作业点正下方禁止人员逗留
3	高处坠落	登高及移位过程中发生高处坠落	攀登杆塔时，注意爬梯或脚钉是否牢固、可靠，安全带应系在牢固的构件上，检查扣环是否扣牢。杆上转移作业位置时，不得失去安全带保护
		作业过程中发生高处坠落	安全带、后备保护绳应分别系挂在不同的牢固构件上
4	高电压	感应电刺激伤害	（1）在 330kV 及以上电压等级的线路杆塔上及变电站构架上作业，应采取防静电感应措施，例如穿静电感应防护服、导电鞋等（220kV 线路杆塔上作业时宜穿导电鞋）。 （2）绝缘架空地线应视为带电体。在绝缘架空地线附近作业时，作业人员与绝缘架空地线之间的距离不应小于 0.4m。如需在绝缘架空地线上作业，应用接地线将其可靠接地或采用等电位方式进行
		工具绝缘失效	（1）应定期试验合格。 （2）运输过程中妥善保管，避免受潮。 （3）作业过程应注意保持绝缘工具的有效绝缘长度。 （4）现场使用前应检查其绝缘阻值不小于 700MΩ
		空气间隙击穿	（1）作业前应确认空气间隙满足安全距离的要求，对于无法确认的，应现场实测确认后，方可进行作业。 （2）在传递尺寸较大材料和工具时，应有有效的控制措施。 （3）专责监护人应时刻注意和提醒操作人员动作幅度不能过大，注意安全距离
5	恶劣天气	气象条件不满足要求	带电作业应在良好的天气下进行。如遇雷、雨、雪、雾不得进行带电作业，风力大于 5 级时，一般不宜进行带电作业
		天气突变	（1）作业前应事先了解天气情况，在作业现场的工作负责人应时刻注意天气变化，特别是夏季的雷雨。 （2）作业过程中发生天气突变时，在保证人员安全的前提下尽快撤离工具

注 在海拔 1000m 以上带电作业时，应根据不同海拔高度，修正各类空气与固体绝缘的安全距离和长度、绝缘子片数等。

（二）作业前准备

1. 作业方式

由地面登软梯进入电场等电位作业。此方式适合于导线水平排列、三角形排列的

两边相及垂直排列的下相上的作业。对于不适合此作业方式的可用平梯法、摆入法等进入电场。

2. 人员组合

工作负责人（监护人）1人、等电位电工1人、塔上电工1人、地面电工3人。

3. 作业工器具、材料配备

软梯进入电场更换防振锤所使用的主要工具如表8-1-2所示。

表8-1-2 主 要 工 器 具 、 材 料

序号	工具名称	规格、型号	单位	数量	备注
1	绝缘绳	$\phi14mm$	根	2	传递用
2	绝缘滑车	5kN	只	2	
3	绝缘绳套	$\phi14mm$	根	2	
4	绝缘操作杆	1.8m	根	1	
5	绝缘软梯		套	1	包括软梯头
6	屏蔽服		套	1	
7	防潮苫布	3m×3m	块	1	
8	绝缘测试仪	ST2008	台	1	也可用绝缘电阻表
9	防振锤		个	1	

（三）作业步骤和质量标准

（1）按照带电作业现场标准化流程完成准备工作。

（2）塔上电工携带绝缘传递绳登塔至作业相导线横担绝缘子挂线点附近，系好安全带，将绝缘滑车、绝缘绳安装好。

（3）地面电工用绝缘传递绳将绝缘操作杆传递给塔上电工。

（4）塔上电工使用绝缘操作杆和地面电工配合，将挂有绝缘传递绳的绝缘软梯挂在导线上，用吊软梯的绝缘传递绳作为软梯的控制绳在横担上进行控制。

（5）等电位电工由地面攀登绝缘软梯进入电场，系好安全带。

（6）等电位电工通过软梯控制绳和塔上电工配合，调整软梯位置，便于操作。

（7）将挂在软梯上的绝缘传递绳移至导线上挂好。

（8）拆除待更换的防振锤，检查铝包带有无损坏，若有损坏，应更换。更换铝包带时，应标记好铝包带中心在导线上的位置，以避免防振锤更换后安装距离产生误差。

（9）用绝缘传递绳将旧防振锤传递至地面，将新防振锤传递给等电位电工。

（10）等电位电工将防振锤安装在铝包带的中心位置，保持防振锤与地面垂直，螺

丝紧固到位。

（11）等电位电工将绝缘传递绳由导线上移至软梯上挂好后，退出电场，沿绝缘软梯返回地面。

（12）塔上电工与地面电工配合拆除绝缘软梯和绝缘操作杆一起传递至地面。

（13）塔上电工检查塔上无遗留物后，携带绝缘传递绳下塔至地面。

（14）按带电作业现场标准化作业流程进行"工作终结"。

三、500kV 线路三角形排列中相四分裂导线，带电更换间隔棒操作实例

（一）危险点分析和预控措施

带电更换 500kV 间隔棒的常见危险点和预控措施如表 8-1-3 所示。

表 8-1-3　　　　　　　　　危险点分析和预控措施

序号	危险类型	危险点	预控措施
1	工具失效	工具连接失效	（1）作业前应认真检查吊式蜈蚣梯及其配套的 2-2 绝缘滑车组、绝缘吊绳的完好情况。 （2）安装绝缘吊绳、2-2 绝缘滑车组及吊式蜈蚣梯时，各部位应固定连接牢靠。 （3）等电位电工利用吊式蜈蚣梯进出电场过程应使用防坠落后备保护绳
2	机械伤害	高处落物	工具材料应用绝缘绳索传递，小件物品应装袋，作业点正下方禁止人员逗留
3	高处坠落	登高及移位过程中发生高处坠落	攀登杆塔时，注意爬梯或脚钉是否牢固、可靠，安全带应系在牢固的构件上，检查扣环是否扣牢。杆上转移作业位置时，不得失去安全带保护
		作业过程中发生高处坠落	安全带、后备保护绳应分别系挂在不同的牢固构件上
4	高电压	感应电刺激伤害	在 330kV 及以上电压等级的线路杆塔上及变电站构架上作业，应采取防静电感应措施，例如穿屏蔽服、导电鞋
		工具绝缘失效	（1）应定期试验合格。 （2）运输过程中妥善保管，避免受潮。 （3）现场使用前应检查其绝缘阻值不小于 700MΩ
		空气间隙击穿	（1）作业前应确认空气间隙满足安全距离的要求，采用吊式蜈蚣梯作业方式应充分考虑等电位电工移动轨迹上的多个组合间隙均应满足 4.0m 以上的要求。 （2）专责监护人应时刻注意和提醒操作人员动作幅度不能过大，注意安全距离
5	恶劣天气	气象条件不满足要求	带电作业应在良好的天气下进行。如遇雷、雨、雪、雾不得进行带电作业，风力大于 5 级时，一般不宜进行带电作业
		天气突变	（1）作业前应事先了解天气情况，在作业现场的工作负责人应时刻注意天气变化，特别是夏季的雷雨。 （2）作业过程中发生天气突变时，在保证人员安全的前提下尽快撤离工具

注　在海拔 1000m 以上带电作业时，应根据不同海拔高度，修正各类空气与固体绝缘的安全距离和长度、绝缘子片数等。

（二）作业前准备

1. 作业方式

采用乘座吊式蜈蚣梯的方式进入电场等电位作业。此方式适合于导线水平排列、三角形排列和垂直排列的下相导线上作业。对于垂直排列的上相和中相可用平梯法进入电场。

2. 人员组合

工作负责人（监护人）1 人、等电位电工 1 人、塔上电工 1 人、地面电工 3 人。

3. 作业工器具、材料配备

带电更换 500kV 间隔棒所使用的主要工具如表 8-1-4 所示。

表 8-1-4   主 要 工 器 具、材 料

序号	工具名称	规格、型号	单位	数量	备注
1	绝缘传递绳	$\phi 14mm$	根	2	
2	绝缘滑车	5kN	只	1	
3	翻斗滑车	5kN	只	1	
4	绝缘绳套	$\phi 14mm$	根	2	
5	2-2 绝缘滑车组	5kN	套	1	包括绝缘绳
6	吊式蜈蚣梯		副	1	
7	绝缘吊绳	$\phi 20mm$	根	1	长度视绝缘子串长而定
8	屏蔽服	Ⅱ型	套	2	
9	防潮苫布	3m×3m	块	1	
10	绝缘测试仪	ST2008	台	1	也可用绝缘电阻表
11	间隔棒		个	1	

（三）作业步骤和质量标准

（1）按照带电作业现场标准化流程完成准备工作。

（2）塔上电工、等电位电工携带绝缘传递绳登塔至作业相导线横担绝缘子挂线点附近，系好安全带，将绝缘滑车、绝缘绳安装好。

（3）地面电工用绝缘传递绳将绝缘吊绳、2-2 绝缘滑车组及吊式蜈蚣梯传递给塔上电工。

（4）塔上电工和等电位电工配合，将进入电场工具安装好。在地面电工的配合下进入电场等电位，并将安全带移至导线上。特别要注意的是，安装进电场工具时应充分考虑等电位电工移动轨迹上的多个组合间隙均应满足 4.0m 以上的要求，等电位电工

进电场过程应尽量缩小身体活动范围，地面电工松出 2-2 绝缘滑车组时速度要均匀。
图 8-1-5 为等电位电工进入电场的作业过程。

图 8-1-5 等电位电工进入电场的作业过程

（5）地面电工将圈好的绝缘吊绳和翻斗滑车传递给等电位电工。

（6）等电位电工将挂有圈好绝缘绳的翻斗滑车挂在导线上。用一根小绝缘绳将翻斗滑车和安全带的扣环相连，以控制滑车的滑行速度。

（7）等电位电工走导线至待更换的间隔棒处，解开小绝缘控制绳，将翻斗滑车临时固定在间隔棒上，将挂在翻斗滑车上的绝缘吊绳松开至地面。松绝缘绳时应将吊绳拿在手上一圈一圈的松，绝缘吊绳松至地面时应放在防潮苫布上，以免绝缘绳受潮。

（8）地面电工用绝缘吊绳将新间隔棒传递给等电位电工，等电位电工将新间隔棒安装在旧间隔棒附近，和旧间隔棒的距离控制在 15mm 以内。检查开口销均上好后，拆除旧间隔棒，并用绝缘吊绳传至地面。新间隔棒安装时应注意其平面应和导线呈垂直状态。

（9）等电位电工将绝缘吊绳圈起挂在翻斗滑车上走线至进入电场时的位置，将绝缘吊绳和翻斗滑车传至地面后退出电场。

（10）检查塔上无遗留物后，等电位电工和塔上电工携绝缘吊绳下塔至地面。

（11）按带电作业现场标准化作业流程进行"工作终结"。

【思考与练习】

1. 简述保护金具的分类。

2. 在模拟线路上登软梯进行带电更换防振锤操作 2 次。

3. 带电更换 220kV 直线护线条应如何操作？

第九章

导线连接器过热带电处理

▲ 模块 1 导线连接点过热带电处理（Z07F3001 Ⅰ）

【模块描述】本模块包含导线连接点过热带电处理工作程序及相关安全注意事项。通过流程、工艺介绍及要点讲解，掌握导线连接点过热带电处理的作业方法。掌握导线连接点过热在带电处理前的准备、危险点分析和控制措施、作业步骤和质量标准。

【模块内容】

一、工作内容

导线连接点过热带电处理一般有：连接点螺栓紧固、并沟线夹更换、并联分流导线、引流板接触面打磨处理等几种方式；除连接点螺栓紧固可采用地电位作业法外，其他一般采用等电位作业法，本部分主要介绍使用并联分流导线进行连接点过热处理的作业方法，对于其他方法只做简单介绍。

（一）导线连接点过热原因

输电线路导线连接点主要采用引流连板及并沟线夹进行连接，经过一段时间运行后，个别引流连板及并沟线夹受螺栓松动、铝接触面氧化等因素的影响，导致引流连板、并沟线夹的接触电阻增大，当通过比较大的负荷电流时，线夹接触面局部区域温度升高，继而出现发红、金属熔化等现象，严重者可能烧断跳线造成事故，一旦出现这些情况常需要采用带电作业的方法进行处理，以保证线路安全运行。图 9-1-1 为压缩型耐张线夹连接点过热示意。

（二）作业方法介绍

1. 连接点螺栓带电紧固

连接点螺栓带电紧固一般将改装后的棘轮扳手安装在绝缘操作杆的端部，作业人员手持绝缘操作杆，通过转动棘轮扳手对松动的螺栓进行紧固。此作业法的优点是作业人员处于地电位，安全可靠性较高；工具简单操作方便，缺点是螺栓锈蚀、并沟线夹压板损坏、接触面氧化等因素会导致紧固的效果不理想。

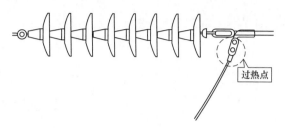

图 9-1-1 压缩型耐张线夹连接点过热示意

2. 并沟线夹带电更换

运行中的耐张杆塔跳线并沟线夹出现压板破裂、接触面金属熔化等较严重的过热现象，采用螺栓带电紧固的方法难以处理时，就必须对过热的并沟线夹进行带电更换。并沟线夹带电更换一般采用等电位作业法，作业人员通过绝缘软梯或平梯进入电场，到达作业位置后，先在发热线夹位置附近安装一个新的并沟线夹，再将过热的并沟线夹拆除。此作业方法一般适用于一根跳线中单个并沟线夹的局部过热。图 9-1-2 为并沟线夹带电更换示意。

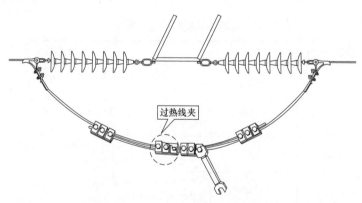

图 9-1-2 并沟线夹带电更换示意

3. 带电安装并联分流导线

当压缩式耐张线夹的引流板的接触面因氧化等原因出现过热情况、紧固螺栓难以解决问题时，就需要采用等电位作业的方式，先在发热的线夹两端安装并联分流导线后，再打开引流板进行接触面打磨处理。当采用并沟线夹的耐张杆塔跳线严重过热，出现多处金属熔化、导线断股等情况时，一般也需要采用等电位作业的方式，跨过跳线上的所有过热点安装并联分流导线，在现场实际操作中并联分流导线可以长期安装在过热点位置，分流负荷电流降低发热点局部电阻。也可采取临时加装并联分流导线，打开引流板或并沟线夹进行处理，处理完成后，撤除临时加装的并联分流导线，恢复原有設備運行狀態。圖 9-1-3 為並聯分流導線示意。

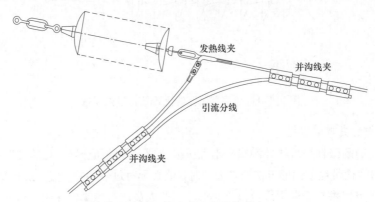

图 9-1-3 并联分流导线示意

二、危险点分析和控制措施

导线连接点过热带电的常见危险点和预控措施如表 9-1-1 所示。

表 9-1-1   危险点分析和预控措施

序号	危险类型	危险点	预控措施
1	工具失效	工具连接失效	作业前应认真检查软梯、软梯头的完好情况，登软梯前应做悬重试验
2	机械伤害	作业过程中绝缘子断串	挂软梯前应先检查档距两端导线悬挂点绝缘子串金具的完好情况
		导线断裂	挂软梯的导地线截面应符合规程的要求，在孤立档导地线上的作业应经计算合格领导批准
		高处落物	工具材料应用绝缘绳索传递，小件物品应装袋，作业点正下方禁止人员逗留
3	高处坠落	登高及移位过程中发生高处坠落	攀登杆塔时，注意爬梯或脚钉是否牢固、可靠，安全带应系在牢固的构件上，检查扣环是否扣牢。杆上转移作业位置时，不得失去安全带保护
		作业过程中发生高处坠落	等电位电工作业时，应在其上方横担或相邻的导地线上，挂防坠落后备保护绳
4	触电	感应电刺激伤害	在 330kV 及以上电压等级的线路杆塔上及变电站构架上作业，应采取防静电感应措施，如穿静电感应防护服、导电鞋等（220kV 线路杆塔上作业时宜穿导电鞋）
		工具绝缘失效	(1) 应定期试验合格。 (2) 运输过程中妥善保管，避免受潮。 (3) 使用时操作人员应注意保持足够有效绝缘长度。 (4) 现场使用前应检查其绝缘阻值不小于 700MΩ

续表

序号	危险类型	危险点	预控措施
4	触电	空气间隙击穿	（1）作业前应确认空气间隙满足安全距离的要求，对于无法确认的，应现场实测确认后，方可进行作业。 （2）等电位电工进电场过程中应尽量缩小身体的活动范围，以免造成组合间隙不足。等电位作业人员在电场中应注意与接地体和邻相导线保持安全距离
		短路	（1）挂软梯作业前应先查看导线对交叉跨越物的接近距离，必要时要进行弧垂计算。 （2）传递、安装并联分流导线过程中，应严格控制人身、工器具、导线与邻相及塔身的安全距离，避免造成相间短路或接地短路
5	高温伤害	烫伤	等电位电工在作业过程中应避免直接接触发热点，防止烫伤
		电弧灼伤	等电位电工进电场作业前，应判断连接点过热后金属熔化或退火的情况，如温度申高应申请减少线路输送负荷，防止作业过程中连接点突然断开后电弧伤人
6	恶劣天气	气象条件不满足要求	带电作业应在良好的天气下进行。如遇雷、雨、雪、雾不得进行带电作业，风力大于 5 级时，一般不宜进行带电作业
		天气突变	作业前应事先了解天气情况，在作业现场的工作负责人应时刻注意天气变化，特别是夏季的雷雨。作业过程中发生天气突变时，在保证人员安全的前提下尽快撤离工具

注　在海拔 1000m 以上带电作业时，应根据不同海拔高度，修正各类空气与固体绝缘的安全距离和长度、绝缘子片数等。

三、作业前的准备

1. 作业方式

使用绝缘软梯进入等电位，采用并联分流导线进行连接点过热处理。

2. 人员组成

工作负责人（监护人）1 人、塔上电工 1 人、等电位电工 1 人、地面电工 2 人。

3. 作业工器具、材料配备

并联分流导线带电处理导线连接点过热所使用的主要工具如表 9-1-2 所示。

表 9-1-2　　　　　　　　　　主 要 工 器 具、材 料

序号	工具及材料名称	型号/规格	单位	数量	备注
1	绝缘软梯	15m	副	1	根据需要选择长度
2	屏蔽服	Ⅱ型	套	1	
3	绝缘滑车	5kN	只	1	
4	绝缘绳套	$\phi 12mm \times 400mm$	根	1	

续表

序号	工具及材料名称	型号/规格	单位	数量	备注
5	绝缘操作杆	3m	副	1	根据需要选择长度
6	绝缘绳	ϕ12mm	根	3	
7	跟斗滑车		只	1	
8	红外线热成像仪		台	1	
9	导线		米		根据现场需要选择
10	并沟线夹		个	6	与线径配套
11	绝缘测试仪	ST2008	台	1	也可用绝缘电阻表
12	防潮苫布	3m×3m	块	1	

四、作业步骤和质量标准

（1）按照带电作业现场标准化流程完成准备工作。

（2）地面电工使用红外线成像仪对导线过热点进行温度检测及外观检查，当温升过高影响作业安全时，须申请降低线路负荷。

（3）塔上电工携带绝缘传递绳登塔至横担适当位置，系好安全带，将绝缘滑车及绝缘绳挂在相应位置。

（4）塔上电工用操作杆将带有绝缘绳的跟斗滑车挑挂在导线上。地面电工用绝缘绳将带有传递绳的绝缘软梯挂在导线靠近连接点过热处位置上；等电位作业电工穿全套屏蔽服，沿绝缘软梯由地面进入电场至作业点位置。

（5）等电位电工认真观察连接点过热情况，必要时先紧固过热线夹螺栓。等电位电工清除过热点两侧导线氧化层，地面电工将预圈好的分流导线及并沟线夹用绝缘绳传递至适当位置，等电位电工先将分流导线的一端用并沟线夹固定在导线上，依次安装 3 个并沟线夹。

（6）地面电工配合移动绝缘软梯，等电位电工逐渐将分流导线展放至引流线端，顺次安装另外 3 个并沟线夹。并沟线夹安装距离应均匀，安装并沟线夹处的导线应用 0 号砂纸将氧化层清除干净，露出铝股本色，并均匀涂沫导电膏，逐个均匀地拧紧连接螺栓。

（7）分流导线两端并沟线夹安装完毕，检查无问题后，等电位电工由软梯下至地面。

（8）使用红外线成像仪对导线发热点进行温度复测，确定导线温升下降至正常值后，塔上电工配合地面电工拆除软梯、绝缘绳及跟斗滑车后下塔。

（9）按带电作业现场标准化作业流程进行"工作终结"。图 9-1-4 为等电位安装分流导线处理连接点过热现场布置。

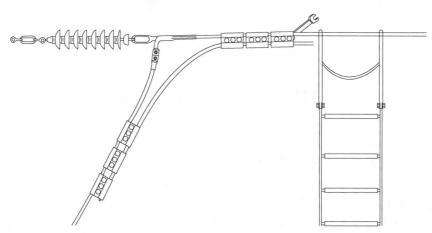

图 9-1-4 等电位安装分流导线处理连接点过热现场布置

五、注意事项

（1）并联分流导线应呈近似悬链线状自然下垂，其对杆塔及拉线等的电气间隙必须符合规定要求。

（2）并沟线夹朝向应统一，螺栓穿向应一致，弹簧垫受力应平整，安装距离应均匀。

（3）传递、安装并联分流导线过程中，应严格控制并联分流导线与邻相导线、塔身的安全距离，避免展开过程中造成相间短路或接地短路。

（4）等电位电工安装并联分流导线的过程中，严禁同时接触未接通的或已断开的导线 2 个断头，防止人体串入电路造成人身伤害。

（5）进行连接点过热作业，等电位电工在作业过程中应避免直接接触发热点，防止烫伤。

【思考与练习】

1. 导线连接点过热带电处理的主要工器具有哪些？

2. 导线连接点过热带电处理时有哪些危险点？如何分析？采取哪些安全措施？

3. 带电安装并联分流导线处理导线连接点过热的作业原理和作业方式是什么？

第十章

220kV 直线绝缘子更换

▲ 模块 1 更换 220kV 直线绝缘子（Z07F4001Ⅱ）

【**模块描述**】本模块包含带电更换 220kV 直线绝缘子的作业方法、工艺要求及相关安全注意事项。通过作业方法及操作实例介绍，熟悉各种作业方法的特点，掌握更换 220kV 直线绝缘子作业前的准备、危险点分析和控制措施、作业步骤和质量标准。

【**模块内容**】

一、工作内容

带电更换 220kV 直线整串绝缘子的方法有等电位作业法和地电位作业法，本部分主要介绍卡具、丝杆、拉板作为吊线工具采用地电位作业更换 220kV 直线单联整串绝缘子的方法，对于其他方法做简单的介绍。

（一）绝缘子串结构简介

220kV 直线绝缘子串，一般有单联、双联、V 型等几种结构方式，具体结构如图 10-1-1 至图 10-1-3 所示。通常情况下单联结构最为常用。使用的绝缘子有瓷绝缘子、钢化玻璃绝缘子、硅橡胶绝缘子等几种。连接金具有 UB 挂板、U 型环、直角挂板、延长环、球头挂环、碗头挂板、二联板、悬垂线夹等。

（二）作业方法介绍

1. 地电位作业法带电更换 220kV 直线绝缘子串

（1）利用绝缘滑车组带电更换 220kV 直线绝缘子串。

利用绝缘滑车组带电更换 220kV 直线绝缘子的基本方法与更换 110kV 直线绝缘子串相类似，也是用绝缘滑车组提升导线，将绝缘子串的荷载转移到绝缘滑车组上，对绝缘子串进行更换。这种作业方法虽有通用性强等优点，但由于 220kV 直线绝缘子串垂直荷载较大，靠人力收紧的绝缘滑车组提升力有限，因此这种作业方法在 220kV 线路上较少使用。采用绝缘滑车组带电更换 220kV 直线绝缘子串如图 10-1-4 所示。

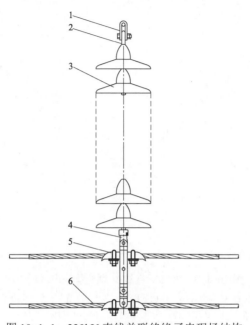

图 10-1-1　220kV 直线单联绝缘子串现场结构

1—挂板（UB 型）；2—球头挂环；3—瓷绝缘子；4—碗头挂板（WS 型）；5—悬垂线夹；6—预绞丝护线条

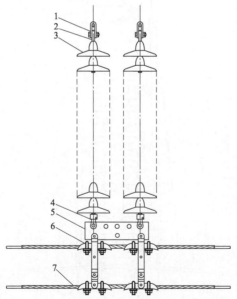

图 10-1-2　220kV 直线双联绝缘子串现场结构

1—挂板（UB 型）；2—球头挂环；3—瓷绝缘子；4—碗头挂板；5—联板（LJ 型）；
6—悬垂线夹；7—预绞丝护线条

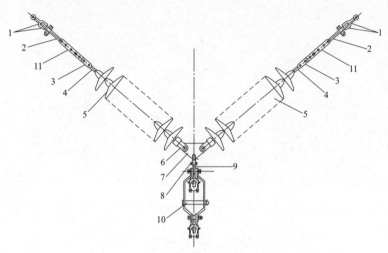

图 10-1-3 220kV 直线 V 型绝缘子串现场结构

1—U 型挂环；2—拉杆（TL 型）；3—挂板（P 型）；4—球头挂环；5—瓷绝缘子；6—碗头挂板；

7—联板（LV 型）；8—Z 型挂板；9—L 型联板；10—悬垂线夹；11—调整板（PT 型）

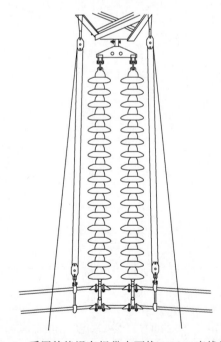

图 10-1-4 采用绝缘滑车组带电更换 220kV 直线绝缘子串

（2）利用卡具、丝杆和拉板带电更换 220kV 直线单联绝缘子。

利用卡具、丝杆和拉板带电更换 220kV 直线单联绝缘子串，使用的主要工具有卡具、丝杆、绝缘拉扳（棒）、吊线钩、绝缘操作杆等，基本方法与更换 110kV 直线绝缘子串相类似。由于丝杆提升导线较为省力，因此带电更换 220kV 直线单联绝缘子串通常使用此方法。

2. 等电位作业法带电更换 220kV 直线绝缘子串

（1）等电位作业法带电更换 220kV 直线双联绝缘子串。

220kV 直线双联绝缘子串（如图 10-1-2 所示），由于导线侧悬垂线夹与碗头挂板之间安装有二联板等金具，给地电位电工使用绝缘操作杆脱开碗头挂板与绝缘子串之间的连接增加了难度，通常情况下采用等电位作业法，如图 10-1-5 所示。由等电位电工直接进入电场，完成导线侧工具的安装和碗头挂板的装、脱。其吊线器一般也是采用卡具、丝杆、绝缘拉板（棒）和吊线钩。

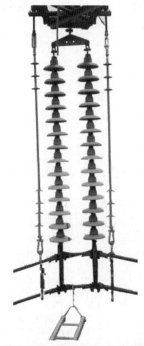

图 10-1-5 等电位作业法带电更换 220kV 直线双联绝缘子串

（2）等电位作业法带电更换 220kV 直线 V 型绝缘子串。

带电更换 220kV 直线 V 型绝缘子串（如图 10-1-3 所示），常用的方法一般有 2 种，一是在待更换的绝缘子串的导线正上方安装横担卡具，在横担卡具与导线之间连接丝杆、绝缘拉板、吊线钩，更换时通过收紧丝杆提升导线，使 V 型结构的 2 串绝缘子同时松弛后进行更换；二是在待更换绝缘子串的横担侧与导线侧金具上分别安装卡具，在两侧卡具之间安装丝杆和绝缘拉板（棒），通过收紧丝杆使绝缘子串松弛后进行更换。采用等电位作业法带电更换 220kV 直线 V 型绝缘子串如图 10-1-6 所示。

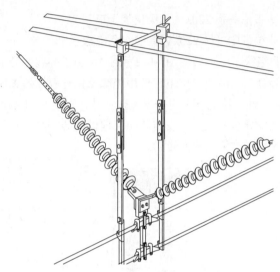

图 10-1-6 等电位作业法带电更换 220kV 直线 V 型绝缘子串

二、危险点分析和控制措施

地电位更换 220kV 直线绝缘子串的常见危险点和预控措施如表 10-1-1 所示。

表 10-1-1 危险点分析和预控措施

序号	危险类型	危险点	预控措施
1	工具失效	工具连接失效	（1）承力工具均应经过定期机械试验合格，使用前应进行外观检查。 （2）更换一般档距绝缘子串应大致估算绝缘子串的垂直荷载，选择相应的吊线工具，更换大跨越绝缘子串应进行精确计算。 （3）脱开绝缘子串连接前应检查、确认吊线工具的完好情况。 （4）使用单吊线工具时应使用防止导线脱落的后备保护绳
		工具失灵	紧线丝杆使用前应进行外观检查，保证转动灵活
2	机械伤害	作业过程中绝缘子断串	（1）进行更换作业前应先检查绝缘子串的完好情况，特别是钢脚和钢帽是否锈蚀严重或雷击熔化。 （2）对于新绝缘子应检查钢脚、钢帽是否有松动、裂纹

续表

序号	危险类型	危险点	预控措施
2	机械伤害	高处落物	（1）工具材料应用绝缘绳索传递，小件物品应装袋，作业点正下方禁止人员逗留。 （2）传递绝缘子串应检查每片绝缘子的弹簧销是否缺损。递吊线工具时应将各部位连接螺栓拧紧，绝缘操作杆应检查接头连接情况
3	高处坠落	登高及移位过程中发生高处坠落	攀登杆塔时，注意爬梯或脚钉是否牢固、可靠，杆上转移作业位置时，不得失去安全带保护
		作业过程中发生高处坠落	安全带应系在牢固的构件上，检查扣环是否扣牢，安全带、后备保护绳应分别系挂在不同的牢固构件上
4	高电压	感应电刺激伤害	（1）在 220kV 线路上作业，为防止受感应电刺激，应穿导电鞋、戴屏蔽手套或穿静电服作业。 （2）地电位作业人员须在绝缘子串与导线侧脱离后，方可用手直接操作第 1 片绝缘子
		工具绝缘失效	（1）应定期试验合格。 （2）运输过程中妥善保管，避免受潮。 （3）使用时操作人员应戴防汗手套。 （4）作业过程中绝缘绳的有效长度应保持在 1.8m 以上。绝缘操作杆的有效长度应保持在 2.1m 以上。 （5）现场使用前应检查其绝缘阻值不小于 700MΩ
		空气间隙击穿	（1）作业前应确认空气间隙满足安全距离的要求，对于无法确认的，应现场实测确认后，方可进行作业。 （2）必须保证专人监护，监护人在作业人员进入横担靠近带电体之前，应事先提醒
		短路	（1）更换绝缘子串作业前应先用火花间隙法检测绝缘子。 （2）更换过程中扣除零值及被金属工具短接的绝缘子，完好绝缘子片数不得少于 9 片。 （3）更换绝缘子作业过程中，须在绝缘子串与导线脱离连接后，地电位人员方可用手操作第一片绝缘子。直接用手操作绝缘子时不得超过第 2 片
5	恶劣天气	气象条件不满足要求	带电作业应在良好的天气下进行。如遇雷、雨、雪、雾不得进行带电作业，风力大于 5 级时，一般不宜进行带电作业
		天气突变	作业前应事先了解天气情况，在作业现场的工作负责人应时刻注意天气变化，特别是夏季的雷雨。作业过程中发生天气突变时，在保证人员安全的前提下尽快撤离工具

注　在海拔 1000m 以上带电作业时，应根据不同海拔高度，修正各类空气与固体绝缘的安全距离和长度、绝缘子片数等。

三、作业前准备

1. 作业方式

采用地电位作业方式，用卡具、丝杆、拉板和吊线钩提升导线；用绝缘操作杆装脱导线侧碗头。

2. 人员组合

工作负责人（监护人）1人、杆（塔）上电工3人、地面电工4人。

3. 作业工器具、材料配备

地电位更换220kV直线绝缘子串所使用的主要工具如表10-1-2所示。

表10-1-2　　　　　　　　　　主要工器具、材料

序号	工具名称	型号/规格	单位	数量	备注
1	卡具	30kN	副	2	
2	丝杆	30kN	副	2	
3	绝缘拉板（棒）	30kN	副	2	
4	绝缘绳套	$\phi16mm\times400mm$	条	1	
5	火花间隙检测器		副	1	
6	直线取销器		只	1	
7	直线碗头扶正器		只	1	
8	单轮绝缘滑车	5kN	只	1	
9	吊线钩	30kN	只	1	
10	绝缘操作杆	5m	副	1	
11	绝缘绳	$\phi12mm$	条	1	传递绳
12	地电位取销钳		把	1	
13	绝缘安全带		条	3	
14	绝缘子检测仪		台	1	也可用绝缘电阻表
15	绝缘检测仪	ST2008	台	1	也可用绝缘电阻表
16	防潮苫布	3m×3m	块	1	
17	瓷绝缘子	XP-70	片	13	

四、作业步骤和质量标准

（1）按照带电作业现场标准化流程完成准备工作。

（2）1号电工登杆（塔）至作业横担位置，2号电工登杆（塔）至导线水平位置，绑好安全带。1号电工挂好滑车及传递绳。挂滑车时应注意滑车挂点位置选择，既要方便工具的传递和取用，又要使工具的传递路线与操作相的导线保持足够的安全距离。

（3）地面电工绑好火花间隙检测器传递至杆（塔）上，2号电工检测绝缘子。

（4）地面电工将组装好的吊线工具和绝缘操作杆按照操作顺序逐件传递至杆上，1号、2号电工配合将卡具安装在绝缘子串悬挂点两侧角钢上，丝杆从悬挂点两侧角钢

缝隙中插下，再将预先连着垂直双吊钩的绝缘拉板（棒）与丝杆连接好。2 号电工在绝缘子串碗头挂板的水平位置持绝缘操作杆与 1 号电工配合，将连接在绝缘拉板（棒）上的吊线钩挂住导线。220kV 线路一般需要安装 2 组吊线工具，安装时应注意吊线钩与悬垂线夹保持适当的距离，以免阻碍 3 号电工取销和装脱碗头。利用卡具、丝杆、拉板、吊线钩带电更换 220kV 直线单联绝缘子串如图 10-1-7 所示。

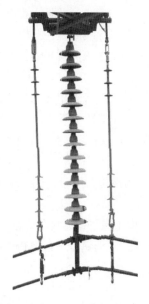

图 10-1-7　利用卡具、丝杆、拉板、吊线钩带电更换 220kV 直线单联绝缘子串

（5）1 号电工稍稍收紧丝杆，3 号电工利用绝缘操作杆上的取销器取出导线侧碗头挂板内的弹簧销。如绝缘操作杆较长，2 号电工可以利用绝缘绳提起绝缘操作杆一端，以方便 3 号电工操作。取弹簧销时丝杆不宜收紧过多，以免碗头挂板内的绝缘子球头卡住弹簧销。

（6）1 号电工继续收紧丝杆使绝缘子串松弛，1 号、3 号电工冲击检查承力工具连接可靠无异常后，3 号电工用绝缘操作杆上的碗头扶正器脱开绝缘子串与导线侧碗头挂板的连接。操作时 1 号电工收紧丝杆应适度，防止导线提升过多，绝缘子串压住碗头挂板，使 3 号电工难以将其脱开。

（7）1 号电工缓缓松出丝杆，使绝缘子串与碗头挂板脱离接触。2 号电工将传递滑车移至绝缘子串挂点附近，1 号电工将绝缘传递绳的绳头系在绝缘子串横担侧第 3 片绝缘子上，地面电工稍稍拉紧绝缘传递绳后，1 号电工取出横担侧第一片绝缘子碗头内的弹簧销，地面电工继续拉紧绝缘传递绳，1 号电工脱开横担侧第一片绝缘子与球头挂环的连接。操作时地面电工应注意与 1 号电工配合，根据需要拉紧和松出传递绳。

（8）1 号、3 号电工与地面电工配合，利用绝缘传递绳将旧绝缘子串传递至地面，将新绝缘子串传递至绝缘子串挂点位置，1 号电工恢复横担侧第一片绝缘子与球头挂环的连接并上好弹簧销。

（9）3 号电工指挥 1 号、2 号电工收紧丝杆，提升导线至合适位置，利用绝缘操作杆上的碗头扶正器恢复绝缘子串与导线侧碗头挂板的连接，并上好导线侧碗头挂板内的弹簧销。进行此项操作时 3 号电工应注意导线提升高度，过高或过低均不便于碗头挂板的复原。

（10）1 号、2 号、3 号电工检查绝缘子串各部位连接情况，确认安全可靠后，拆除吊线工具传递至地面，检查塔上无遗留工具后，携带绝缘滑车及绝缘传递绳下塔。

（11）按带电作业现场标准化作业流程进行"工作终结"。

【思考与练习】

1. 使用卡具、丝杆、拉板、吊线钩带电更换 220kV 直线单联绝缘子串时卡具应安装在什么位置？

2. 带电更换 220kV 直线 V 型绝缘子串常用的方法有几种？

3. 利用绝缘操作杆上的碗头扶正器进行导线侧碗头挂板装、脱练习 20 遍。

第十一章

330kV 及以上直线绝缘子更换

▶ **模块1 更换 330kV 及以上悬垂单串绝缘子（Z07F5001Ⅲ）**

【模块描述】本模块包含带电更换 330kV 及以上直线悬垂单联绝缘子串的作业方法、工艺要求及相关安全注意事项。通过作业方法及操作实例介绍，熟悉基本作业方法，掌握带电更换 330kV 及以上直线悬垂单联绝缘子串作业前的准备、危险点分析和控制措施、作业步骤和质量标准。

【模块内容】

一、工作内容

带电更换 330kV 及以上悬垂单串绝缘子，330kV 线路一般采用地电位方式，500kV 线路一般采用等电位方式。本部分主要介绍使用卡具、丝杆、绝缘拉杆、直线四钩卡等工具更换整串绝缘子的作业方法，其他方法只做简单介绍。

（一）绝缘子串结构简介

330kV 及以上悬垂单串绝缘子串一般由 U 型挂环、球头挂环、碗头挂板、联板、均压屏蔽环、悬垂线夹、联板和绝缘子等组成。图 11-1-1、图 11-1-2 是较为典型的 330kV、500kV 直线绝缘子串联接方式。

（二）作业方法介绍

1. 地电位作业更换 330kV 悬垂绝缘子串

地电位作业更换 330kV 悬垂绝缘子串所需工器具主要有双分裂吊线钩、卡具、紧线丝杆、绝缘拉杆（板）、绝缘操作杆、取销器、绝缘滑车组等。作业时采用卡具、紧线丝杆、绝缘拉杆（板）、双分裂吊线钩提升导线，利用安装在操作杆上的取销器和碗头扶正器，完成取弹簧销及装脱碗头工作，通过绝缘滑车组完成新旧绝缘子串的传递更换。图 11-1-3 为更换 330kV 悬垂绝缘子现场作业。

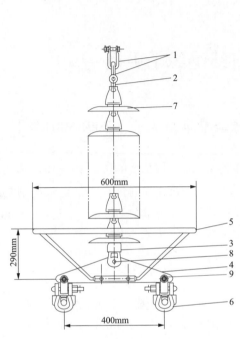

图 11-1-1 330kV 直线绝缘子串联接方式

1—U 型挂环；2—球头挂环；3—碗头挂板；4—联板；

5—均压屏蔽环；6—悬垂线夹；7—绝缘子；

8—防晕螺栓；9—挂板（UB 型）

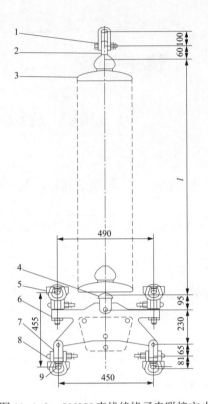

图 11-1-2 500kV 直线绝缘子串联接方式

1—挂板（UB 型）；2—球头挂环；3—悬式绝缘子；

4—碗头挂板（WS 型）；5—上抗式防晕线夹；

6—四联板；7—挂板（UB 型）；

8—悬垂式防晕线夹；9—悬垂线夹

2. 等电位作业法更换 500kV 单串悬垂绝缘子

等电位作业法更换 500kV 单串悬垂绝缘子，通常采用地电位与等电位配合的方法进行更换。主要工具有卡具、紧线丝杆、绝缘拉杆（板）和直线四钩卡等。应注意的是在更换紧凑型铁塔中相绝缘子时，等电位电工进入电场方式的确定，在工作前要验算组合间隙，确保安全距离保证后方可进行。禁止从塔体窗口平面处进入导线，禁止从导线上方进入电场。图 11-1-4 为等电位作业法更换 500kV 悬垂绝缘子现场作业。

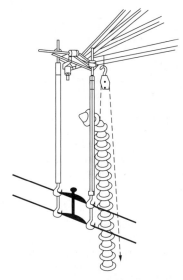

图 11-1-3　更换 330kV 悬垂
绝缘子现场作业

图 11-1-4　更换 500kV 悬垂绝缘子现场作业

二、危险点分析和预控措施

等电位作业法更换 500kV 单串绝缘子的常见危险点和预控措施如表 11-1-1 所示。

表 11-1-1　　　　　　　　　危险点分析和预控措施

序号	危险类型	危险点	预控措施
1	工具失效	工具连接失效	（1）承力工具均应经过定期机械试验合格，使用前应进行外观检查。 （2）作业前应计算绝缘子串的垂直荷载，选择相应的吊线工具。 （3）脱开绝缘子串连接前应先检查、确认吊线工具的完好情况
		工具失灵	紧线丝杆使用前应进行外观检查，保证转动灵活
2	机械伤害	作业过程中绝缘子断串	（1）进行更换作业前应先检查绝缘子串的完好情况，特别是钢脚和钢帽是否锈蚀严重或雷击熔化。 （2）对于新绝缘子应检查钢脚、钢帽是否有松动、裂纹。 （3）绝缘子串恢复连接时，应认真检查确认各部连接可靠、锁紧销齐全
		高处落物	（1）工具材料应用绝缘绳索传递，小件物品应装袋，作业点正上方禁止人员逗留。 （2）传递绝缘子串应检查每片绝缘子的弹簧销是否缺损。传递吊线工具时应将各部位连接螺栓拧紧。 （3）使用机动绞磨传递绝缘子串时，应使用控制绳对绝缘子串进行有效控制，防止绝缘子串被塔身等部件卡住后，绝缘绳被机动绞磨拉断

续表

序号	危险类型	危险点	预控措施
3	高处坠落	登高及移位过程中发生高处坠落	攀登杆塔时，注意爬梯或脚钉是否牢固、可靠，安全带应系在牢固的构件上，检查扣环是否扣牢。杆上转移作业位置时，不得失去安全带保护
		作业过程中发生高处坠落	安全带应系在牢固的构件上，检查扣环是否扣牢，安全带、后备保护绳应分别系挂在不同的牢固构件上
4	高电压	感应电刺激伤害	（1）杆上作业人员必须穿导电鞋，必要时穿合格的屏蔽服。 （2）在绝缘子串未脱离导线前，杆上作业人员不得接触横担侧第一片绝缘子
		工具绝缘失效	（1）应定期试验合格。 （2）运输过程中妥善保管，避免受潮。 （3）使用时操作人员应戴防汗手套。 （4）作业过程中绝缘承力工具、绝缘绳的有效长度应保持在3.7m以上。绝缘操作杆的有效长度应保持在4.0m以上。 （5）现场使用前应检查其绝缘阻值不小于700MΩ
		空气间隙击穿	（1）作业前应确认空气间隙满足安全距离的要求，对于无法确认的，应现场实测确认后，方可进行作业。 （2）必须保证专人监护，监护人在作业人员靠近带电体之前应事先提醒，保证其安全距离达到3.4m以上。 （3）更换紧凑型铁塔中相绝缘子时，等电位电工进入电场的组合间隙应经校核。作业时等电位作业人员应从塔身一定距离以外的导线处进入电场，再沿导线移动到作业位置
		短路	（1）更换绝缘子串作业前应先用火花间隙法检测绝缘子。 （2）更换过程中扣除零值及被金属工具短接的绝缘子，完好绝缘子片数不得少于23片
5	恶劣天气	气象条件不满足要求	带电作业应在良好的天气下进行。如遇雷、雨、雪、雾不得进行带电作业，风力大于5级时，一般不宜进行带电作业
		天气突变	（1）作业前应事先了解天气情况，在作业现场的工作负责人应时刻注意天气变化，特别是夏季的雷雨。 （2）作业过程中发生天气突变时，在保证人员安全的前提下尽快撤离工具

注　在海拔1000m以上带电作业时，应根据不同海拔高度，修正各类空气与固体绝缘的安全距离和长度、绝缘子片数等。

三、作业前准备

1. 作业方式

采用紧线丝杆、绝缘拉杆（板）和直线四钩卡等工具，以等电位作业法，带电更换500kV直线整串绝缘子。

2. 人员组合

工作负责人（监护人）1人、等电位电工1人、杆塔上电工2人、地面电工4人。

3. 作业工器具、材料配备

等电位作业法更换500kV单串悬垂绝缘子所使用的主要工具如表11-1-2所示。

表11-1-2　　　　　　　　　主要工器具、材料

序号	名称	型号规格	单位	数量	备注
1	绝缘绳	$\phi 12mm$	条	1	传递工具
2	绝缘绳	$\phi 10mm$	条	3	
3	绝缘绳	$\phi 18mm$	条	1	传递绝缘子串
4	单轮滑车	5kN	只	1	传递工具
5	单轮滑车	30kN	只	2	传递绝缘子串
6	直线卡具		副	2	连紧线丝杆
7	直线四钩卡	50kN	副	2	
8	绝缘拉杆（板）	50kN	副	2	
9	绝缘软梯	$\phi 14mm \times 10m$	副	1	
10	软梯头		副	1	
11	绝缘操作杆	6m	副	1	
12	跟斗滑车		只	1	
13	屏蔽服	II型	套	3	
14	对讲机		台	2	
15	绝缘检测仪	ST2008	台	1	
16	绝缘子检测仪		台	1	检测新绝缘子
17	机动绞磨	30kN	台	1	卷筒覆盖绝缘层
18	机动绞磨固定绳	$\phi 18mm \times 2m$	条	1	钢丝绳
19	取销钳		只	1	
20	火花间隙检测器		副	1	
21	绝缘子	XP_6-160	片	28	
22	防潮苫布	$3m \times 3m$	块	3	

四、作业步骤和质量标准

（1）按照带电作业现场标准化流程完成准备工作。

（2）1 号、2 号电工登杆挂好绝缘传递绳，地面电工将火花间隙检测器传递至塔上，1 号电工检测所要更换的绝缘子串，判断是否满足作业所需良好绝缘子片数。

（3）1 号、2 号电工利用绝缘操作杆安装跟斗滑车，地面电工利用跟斗滑车和绝缘绳将绝缘软梯挂上导线。等电位电工利用软梯进入强电场，到达作业位置。

（4）地面电工将组装好的吊线工具传递至塔上，1、2 号电工与等电位电工配合将卡具、紧线丝杆、绝缘拉杆（板）和直线四钩卡等工具在绝缘子串 2 侧安装到位。

（5）1 号、2 号电工收紧丝杆提升导线，检查各受力部位无异常后，等电位电工取出弹簧销、脱开导线侧碗头，使绝缘子串与导线脱离。

（6）2 号电工将绝缘子串的传递绳绑在横担侧第 3 片绝缘子上，等电位电工将控制绳绑在绝缘子串下端，地面电工将绝缘子串传递绳绕在机动绞磨的卷筒上。2 号电工在进行操作时，应特别注意短接的绝缘子片数，同时应注意地电位电工和等电位电工禁止在绝缘子串两端同时操作。

（7）地面电工通过机动绞磨提升绝缘子串，2 号电工取出横担侧第一片绝缘子弹簧销，脱开第一片绝缘子球头挂环的连接，通过机动绞磨缓慢地将绝缘子串放至地面。

（8）地面电工利用机动绞磨将新绝缘子串传递至杆塔上，2 号电工恢复第一片绝缘子与球头挂环的连接并上好弹簧销，地面电工松出机动绞磨尾绳，使绝缘子串自然悬垂，等电位电工装上碗头恢复绝缘子串与导线的连接。

（9）检查绝缘子串连接正常后，1 号、2 号电工松出丝杆使绝缘子串受力。

（10）拆除吊线工具，等电位电工退出电场，拆除其他工具，检查确无遗留物后，1 号、2 号电工下塔。

（11）按带电作业现场标准化作业流程进行"工作终结"。

【思考与练习】

1. 更换整串悬垂绝缘子使用的主要工器具有哪些？

2. 等电位作业法更换 500kV 单串悬垂绝缘子，作业过程中应该注意哪些方面的危险因素？

3. 等电位作业法更换 500kV 单串悬垂绝缘子，作业中为什么要在最后一片绝缘子上系一根控制绳？

模块 2　更换 330kV 及以上悬垂双串绝缘子（Z07F5002Ⅲ）

【模块描述】本模块包含带电更换 330kV 及以上直线悬垂双联绝缘子串的作业方法、工艺要求及相关安全注意事项。通过作业方法及操作实例介绍，熟悉基本作业方法，掌握更换 330kV 及以上直线悬垂双联绝缘子作业前的准备、危险点分析和控制措施、作业步骤和质量标准。

【模块内容】

一、工作内容

带电更换 330kV 及以上悬垂双串绝缘子一般使用等电位作业方法进行，本部分主要介绍带电更换 500kV 悬垂独立双联绝缘子串的作业方法，对其他方法只作简单介绍。

（一）330kV 直线悬垂双联绝缘子串结构简介

双串悬垂绝缘子多用于线路跨越重要的公路、河流、铁路，有单挂点和双独立挂点两种，悬挂方式有 V 型串、倒 V 型串、Ⅱ 型串。330kV、500kV 绝缘子串双挂点金具组装分别如图 11-2-1 和图 11-2-2 所示。

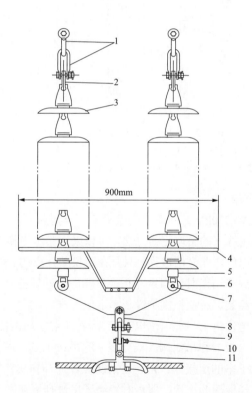

图 11-2-1　330kV 绝缘子串双挂点金具组装

1—U 型挂环；2—延长环；3—球头挂环；4—碗头挂板；5—联板；6—均压屏蔽环；7—直角挂板；
8—联板；9—悬垂线夹；10—防晕螺栓；11—悬垂绝缘子

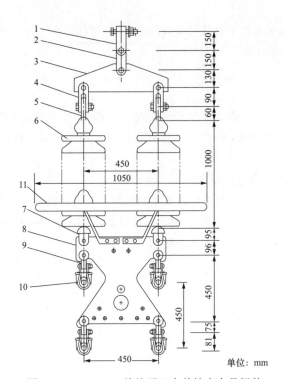

图 11-2-2 500kV 绝缘子双串单挂点金具组装

1—挂板（UB 型）；2—挂板（ZS 型）；3—联板；4—挂板（Z 型）；5—球头挂板；6—悬式玻璃绝缘子；
7—碗头挂板；8—联板；9—挂板（V 型）；10—悬垂线夹；11—屏蔽均压环

（二）作业方法介绍

1. 等电位作业更换 330kV 悬垂双串绝缘子串（单挂点）

330kV 悬垂双串绝缘子的带电更换方法，可以采用带电更换 330kV 悬垂单串绝缘子的作业工具，以等电位作业方法进行，只是在更换单挂点的 330kV 悬垂双串绝缘子时，应注意用绳索（或专用卡具）固定非更换串侧的二联板挂点，防止二联板倾斜因绝缘子串自重倾斜，给装、脱横担侧绝缘子串造成困难。

操作时由塔上地电位电工与等电位电工配合，在绝缘子串两侧分别安装横担卡具、紧线丝杆、绝缘拉杆（板）和吊线钩（双分裂）等吊线工具。塔上地电位电工先固定二联板与非更换绝缘子串的连接点，再通过紧线丝杆提升导线使绝缘子串松弛，等电位电工脱开绝缘子串导线侧的连接，即可对绝缘子串进行更换。

2. 采用大刀卡具等电位作业法更换 500kV 悬垂双串绝缘子串

采用大刀卡具更换 500kV 悬垂双串绝缘子的作业方法，主要是针对横担侧为双独立挂点，导线侧采用二联板的 500kV 悬垂双串绝缘子的组装方式。作业时将吊线工具安装在待更换的绝缘子串一侧，大刀卡具安装在导线侧与绝缘子串相连的二联板处，紧线丝杆安装在同一侧横担的预留孔处，通过绝缘拉板与大刀卡具相连。当收紧紧线丝杆时，通过大刀卡具的杠杆作用，将待更换绝缘子串的荷载转移到吊线工具上，再对绝缘子串进行更换。图 11-2-3 为采用大刀卡具等电位作业法更换 500kV 悬垂双串绝缘子串。

(a)   (b)

图 11-2-3 采用大刀卡具等电位作业法更换 500kV 悬垂双串绝缘子串

（a）等电位安装大刀卡图；（b）转移荷载后分解更换局部图

二、危险点分析和预控措施

等电位作业法更换 500kV 独立双联悬垂绝缘子的常见危险点和预控措施如表 11-2-1 所示。

表 11-2-1 危险点分析和预控措施

序号	危险类型	危险点	预控措施
1	工具失效	工具连接失效	（1）承力工具均应经过定期机械试验合格，使用前应进行外观检查。 （2）作业前应计算绝缘子串的垂直荷载，选择相应的吊线工具。 （3）脱开绝缘子串连接前应先检查、确认吊线工具的完好情况
		工具失灵	紧线丝杆使用前应进行外观检查，保证转动灵活

续表

序号	危险类型	危险点	预控措施
2	机械伤害	作业过程中绝缘子断串	（1）进行更换作业前应先检查绝缘子串的完好情况，特别是钢脚和钢帽是否锈蚀严重或雷击熔化。 （2）对于新绝缘子应检查钢脚、钢帽是否有松动、裂纹。 （3）绝缘子串恢复连接时，应认真检查确认各部连接可靠、锁紧销齐全
		高处落物	（1）工具材料应用绝缘绳索传递，小件物品应装袋，作业点正下方禁止人员逗留。 （2）传递绝缘子串应检查每片绝缘子的弹簧销是否缺损。传递吊线工具时应将各部位连接螺栓拧紧。 （3）使用机动绞磨传递绝缘子串时，应使用控制绳对绝缘子串进行有效控制，防止绝缘子串被塔身等部件卡住后，绝缘绳被机动绞磨拉断
3	高处坠落	登高及移位过程中发生高处坠落	攀登杆塔时，注意爬梯或脚钉是否牢固、可靠，安全带应系在牢固的构件上，检查扣环是否扣牢；杆上转移作业位置时，不得失去安全带保护
		作业过程中发生高处坠落	安全带应系在牢固的构件上，检查扣环是否扣牢，安全带、后备保护绳应分别系挂在不同的牢固构件上
4	高电压	感应电刺激伤害	（1）杆上作业人员必须穿导电鞋，必要时穿合格的屏蔽服。 （2）在绝缘子串未脱离导线前，杆上作业人员不得接触横担侧第一片绝缘子
		工具绝缘失效	（1）应定期试验合格。 （2）运输过程中妥善保管，避免受潮。 （3）使用时操作人员应戴防汗手套。 （4）作业过程中绝缘承力工具、绝缘绳的有效长度应保持在3.7m以上。绝缘操作杆的有效长度应保持在4.0m以上。 （5）现场使用前应检查其绝缘阻值不小于700MΩ
		空气间隙击穿	（1）作业前应确认空气间隙满足安全距离的要求，对于无法确认的，应现场实测确认后，方可进行作业。 （2）必须保证专人监护，监护人在作业人员靠近带电体之前应事先提醒，保证其安全距离达到3.4m以上。 （3）更换紧凑型铁塔中相绝缘子时，等电位电工进入电场的组合间隙应经校核。作业时等电位作业人员应从塔身一定距离以外的导线处进入电场，再沿导线移动到作业位置
		短路	（1）更换绝缘子串作业前应先用火花间隙法检测绝缘子。 （2）更换过程中扣除零值及被金属工具短接的绝缘子，完好绝缘子片数不得少于23片
5	恶劣天气	气象条件不满足要求	带电作业应在良好的天气下进行。如遇雷、雨、雪、雾不得进行带电作业，风力大于5级时，一般不宜进行带电作业
		天气突变	（1）作业前应事先了解天气情况，在作业现场工作的负责人应时刻注意天气变化，特别是夏季的雷雨。 （2）作业过程中发生天气突变时，在保证人员安全的前提下尽快撤离工具

注 在海拔1000m以上带电作业时，应根据不同海拔高度，修正各类空气与固体绝缘的安全距离和长度、绝缘子片数等。

三、作业前准备

1. 作业方式

采用二组吊线工具同时提升导线，以等电位作业方式，带电更换 500kV 线路独立双联悬垂绝缘子串（边相）。

2. 人员组合

工作负责人（监护人）1 人，等电位电工 2 人，地电位电工 2 人，地面电工 4 人。

3. 作业工器具、材料配备

等电位作业法更换 500kV 独立双联悬垂绝缘子所使用的主要工具如表 11-2-2 所示。

表 11-2-2　　　　　　　　主 要 工 器 具、材 料

序号	工具名称	规格、型号	单位	数量	备注
1	绝缘绳	$\phi 12mm$	条	3	
2	绝缘软梯	20m	副	1	
3	绝缘滑车	5kN	只	1	
4	单轮滑车	30kN	只	2	传递绝缘子串
5	绝缘拉杆	80kN	副	2	
6	专用接头		副	2	
7	绝缘绳	$\phi 18mm$	条	1	传递绝缘子串
8	绝缘千斤		条	2	
9	小转角四钩卡		副	2	连丝杆
10	机动绞磨	30kN	台	1	卷筒覆盖绝缘层
11	绝缘保护绳	$\phi 14mm$	条	2	防坠落后备保护
12	屏蔽服	Ⅱ型	套	4	
13	绝缘安全带		条	3	
14	火花间隙检测器		副	1	
15	绝缘检测仪	ST2008	台	1	
16	绝缘子检测仪		台	1	地面检测新绝缘子
17	防潮苫布	3m×3m	块	3	
18	对讲机		部	2	
19	绝缘子	XP-160	片	28	根据实际情况选用

四、作业步骤和质量标准

（1）按照带电作业现场标准化流程完成准备工作。

（2）1号、2号电工登杆挂好绝缘传递绳，地面电工将火花间隙检测器传递至塔上，1号、2电工检测所要更换绝缘子串，判断是否满足作业所需的良好绝缘子片数。

（3）地面电工传递绝缘软梯和绝缘保护绳，2号电工在作业横担，距绝缘子串挂点水平距离大于1.5m处安装绝缘软梯。

（4）2名等电位电工分别绑好后备保护绳，沿绝缘软梯攀登到接近导线水平位置，地面电工利用摆动绝缘软梯配合等电位电工进入电场。

（5）等电位电工进入电场后，首先把安全带系在导线上，然后才能拆除绝缘保护绳进行其他作业。

（6）地面电工将专用接头、绝缘拉杆及小转角四钩卡传递到工作位置，1号、2号电工与等电位电工配合在被更换侧横担施工预留孔和导线之间进行安装。

（7）2名等电位电工同时收紧小转角四钩卡，使吊线装置稍稍受力后，检查各受力点的连接情况。

（8）等电位电工继续收紧小转角四钩卡，提升导线使被更换侧绝缘子串松弛，等电位电工对吊线装置冲击检查无误后，拆除碗头螺丝，等电位电工再继续收紧丝杆，直至取出碗头螺栓，使绝缘子串与导线脱离。

（9）地面电工将绝缘子传递绳、绝缘子串尾绳分别传递给1号电工和等电位电工。

（10）1号电工将绝缘子传递绳安装在横担侧第三片绝缘子上，等电位电工将绝缘子串尾绳安装在导线侧第一片绝缘子上。更换500kV双串绝缘子如图11-2-4所示。

图 11-2-4 更换 500kV 双串绝缘子

（11）地面电工收紧机动绞磨提升绝缘子串，2 号电工拔掉球头挂环与第一片绝缘子处的锁紧销，脱开球头挂环与第一片绝缘子处的连接。

（12）地面电工通过机动绞磨松出绝缘子串传递绳，并拉好绝缘子串尾绳，配合将绝缘子串放至地面。

（13）地面电工将新绝缘子串传递至绝缘子串挂点位置，2 号电工恢复新绝缘子与球头挂环的连接，并复位锁紧销。

（14）地面电工松出绝缘子串传递绳，使新绝缘子自然垂直，等电位电工恢复碗头挂板与联板处的连接，并装好碗头螺栓上的开口销。

（15）等电位电工松出小转角双钩卡丝杆，与 1 号、2 号电工配合拆除吊线工具，并传递至地面。

（16）等电位电工检查确认导线上无遗留工具后，依次沿软梯退出电场。

（17）1 号、2 号电工配合拆除塔上全部作业工具，检查确认塔上无遗留工具后，携带绝缘无极绳平稳下塔。

（18）按带电作业现场标准化作业流程进行"工作终结"。

【思考与练习】

1. 带电更换 500kV 线路独立双联悬垂绝缘子串使用的主要工器具有哪些？

2. 简述等电位作业更换 330kV 悬垂双串绝缘子串（单挂点）。

3. 带电更换 500kV 线路独立双联悬垂绝缘子串作业提线装置安装完成后，至摘开球头挂环之间要完成哪些工作？

◢ 模块 3　更换 330kV 及以上直线转角和 V 型绝缘子串（Z07F5003Ⅲ）

【模块描述】本模块包含带电更换 330kV 及以上直线转角和 V 型绝缘子串的作业方法、工艺要求及相关安全注意事项。通过作业方法及操作实例的介绍，掌握更换 330kV 及以上直线转角和 V 型绝缘子串作业前的准备、危险点分析和控制措施、作业步骤和质量标准。

【模块内容】

一、工作内容

带电更换直线转角和 V 型绝缘子串一般采用等电位作业法。本部分主要介绍以专用接头、绝缘拉杆和小转角四钩卡作为吊线工具带电更换 500kV 直线转角绝缘子串，对带电更换 330kV 及以上 V 型绝缘子串的作业方法只作简单介绍。

（一）330kV 及以上直线转角和 V 型绝缘子串结构简介

图 11-3-1、图 11-3-2 为 2 种较为典型的绝缘子串结构方式。

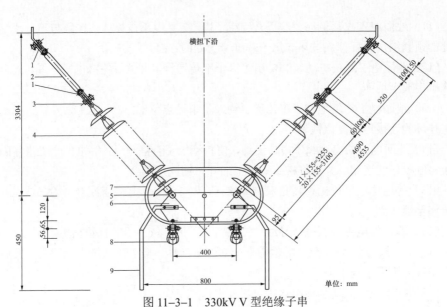

图 11-3-1　330kV V 型绝缘子串

1—直角挂板；2—延长拉杆；3—球头挂环；4—绝缘子；5—碗头挂板；6—联板；7—均压环；
8—悬垂线夹；9—屏蔽环

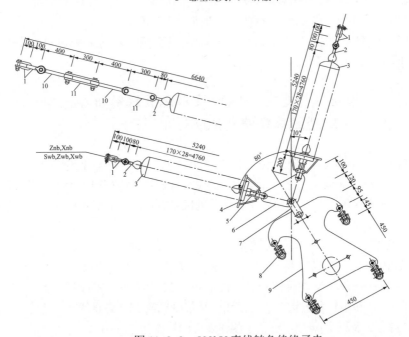

图 11-3-2　500kV 直线转角绝缘子串

1—U 型挂环；2—球头挂环（QP 型）；3—悬式绝缘子；4—均压环；5—碗头挂板（WS 型）；6—联板；
7—平行挂板；8—悬垂式防晕线夹；9—联板；10—拉杆（YL 型）；11—平行挂板

（二）作业方法介绍

1. 等电位更换 330kV 及以上直线 V 型绝缘子串

等电位更换 330kV 及以上直线 V 型串所使用的主要工器具有 V 型串卡具、丝杆、绝缘拉板和绝缘托瓶架，更换作业方法与更换耐张单串绝缘子相类似。作业时 V 型串卡具卡住绝缘子串前后的金具，用丝杆、绝缘拉板收紧绝缘子串，用绝缘托瓶架支撑绝缘子串自重，采用等电位作业法对绝缘子串进行更换。330kV 及以上直线 V 型绝缘子串多是位于中相，在更换前必须认真计算组合间隙，保证等电位作业人员进入电场时能够满足安规要求。更换 V 型绝缘子串现场作业如图 11-3-3 所示。

图 11-3-3　更换 V 型绝缘子串现场作业

2. 等电位作业利用小转角四钩卡更换 500kV 交流线路直线转角绝缘子串

更换 500kV 交流线路直线转角绝缘子串，主要是利用绝缘拉杆（板）与小转角四钩卡配合提升导线，利用绝缘托瓶架脱开绝缘子串后，将绝缘子提升到横担后进行更换，或是利用反束绳将绝缘子串张紧后脱开绝缘子串，再将绝缘子串松到自然悬垂状态对绝缘子进行更换。

二、危险点分析和预控措施

等电位作业法更换 500kV 交流线路直线转角绝缘子串的常见危险点和预控措施如表 11-3-1 所示。

表 11-3-1 危险点分析和预控措施

序号	危险类型	危险点	预控措施
1	工具失效	工具连接失效	（1）承力工具均应经过定期机械试验合格，使用前应进行外观检查。 （2）作业前应计算绝缘子串的荷载，选择相应的吊线工具。 （3）脱开绝缘子串连接前应先检查、确认吊线工具的完好情况
		工具失灵	紧线丝杆使用前应进行外观检查，保证转动灵活
2	机械伤害	作业过程中绝缘子断串	（1）进行更换作业前应先检查绝缘子串的完好情况，特别是钢脚和钢帽是否锈蚀严重或雷击熔化。 （2）对于新绝缘子应检查钢脚、钢帽是否有松动、裂纹。 （3）绝缘子串恢复连接时，应认真检查确认各部连接可靠、锁紧销齐全
		高处落物	（1）工具材料应用绝缘绳索传递，小件物品应装袋，作业点正下方禁止人员逗留。 （2）传递绝缘子串应检查每片绝缘子的弹簧销是否缺损。传递吊线工具时应将各部位连接螺栓拧紧。 （3）使用机动绞磨传递绝缘子串时，应使用控制绳对绝缘子串进行有效控制，防止绝缘子串被塔身等部件卡住后，绝缘绳被机动绞磨拉断
3	高处坠落	登高及移位过程中发生高处坠落	攀登杆塔时，注意爬梯或脚钉是否牢固、可靠，安全带应系在牢固的构件上，检查扣环是否扣牢。杆上转移作业位置时，不得失去安全带保护
		作业过程中发生高处坠落	安全带应系在牢固的构件上，检查扣环是否扣牢，安全带、后备保护绳应分别系挂在不同的牢固构件上
4	高电压	感应电刺激伤害	（1）杆上作业人员必须穿导电鞋，必要时穿合格的屏蔽服。 （2）在绝缘子串未脱离导线前，杆上作业人员不得接触横担侧第一片绝缘子
		工具绝缘失效	（1）应定期试验合格。 （2）运输过程中妥善保管，避免受潮。 （3）使用时操作人员应戴防汗手套。 （4）作业过程中绝缘承力工具、绝缘绳的有效长度应保持在3.7m以上。绝缘操作杆的有效长度应保持在4.0m以上。 （5）现场使用前应用绝缘测试仪检查其绝缘阻值不小于700MΩ
		空气间隙击穿	（1）作业前应确认空气间隙满足安全距离的要求，对于无法确认的，应现场实测确认后，方可进行作业。 （2）必须保证专人监护，监护人在作业人员靠近带电体之前应事先提醒，保证其安全距离达到3.4m以上。 （3）更换紧凑型铁塔中相绝缘子时，等电位电工进入电场的组合间隙应经校核。作业时等电位作业人员应从塔身一定距离以外的导线处进入电场，再沿导线移动到作业位置
		短路	（1）更换绝缘子串作业前，应先用火花间隙法检测绝缘子。 （2）更换过程中扣除零值及被金属工具短接的绝缘子，完好绝缘子片数不得少于23片

续表

序号	危险类型	危险点	预控措施
5	恶劣天气	气象条件不满足要求	带电作业应在良好的天气下进行。如遇雷、雨、雪、雾不得进行带电作业，风力大于 5 级时，一般不宜进行带电作业
		天气突变	(1) 作业前应事先了解天气情况，在作业现场的工作负责人应时刻注意天气变化，特别是夏季的雷雨。 (2) 作业过程中发生天气突变时，在保证人员安全的前提下尽快撤离工具

注　在海拔 1000m 以上带电作业时，应根据不同海拔高度，修正各类空气与固体绝缘的安全距离和长度、绝缘子片数等。

三、作业前准备

1. 作业方式

采用等电位作业法，以专用接头、绝缘拉杆、小转角四钩卡作为吊线工具，带电更换 500kV 直线转角绝缘子串。

2. 人员组合

工作负责人（监护人）1 人、等电位电工 2 人、地电位电工 2 人、地面电工 4 人。

3. 作业工器具、材料配备

等电位作业法更换 500kV 交流线路直线转角绝缘子串所使用的主要工具如表 11-3-2 所示。

表 11-3-2　　　　　　　　　　主 要 工 器 具、材 料

序号	名称	规格、型号	单位	数量	备注
1	绝缘绳	$\phi10mm$	根	2	传递工具
2	绝缘吊绳	$\phi12mm$	根	1	反束绳
3	绝缘吊绳	$\phi18mm$	根	1	传递绝缘子
4	绝缘软梯	9m	副	1	
5	绝缘滑车	5kN	个	3	
6	绝缘滑车	10kN	个	2	
7	绝缘拉杆	50kN	套	2	
8	火花间隙检测器		套	1	
9	小转角四钩卡	50kN	个	2	连丝杆
10	机动绞磨	30kN	台	1	配固定绳
11	专用接头		个	1	
12	绝缘千斤	$\phi16mm\times400mm$	根	3	

续表

序号	名称	规格、型号	单位	数量	备注
13	绝缘保护绳	$\phi 14mm$	根	2	防坠落
14	屏蔽服	Ⅱ型	套	4	
15	绝缘安全带		条	4	
16	绝缘子检测仪		台	1	检测新绝缘子
17	绝缘测试仪	ST2008	台	1	也可用绝缘电阻表
18	防潮苫布	2m×4m	块	3	
19	对讲机		部	2	
20	绝缘子	XP–160	片	28	根据实际情况选用

四、作业步骤和质量标准

（1）按照带电作业现场标准化流程完成准备工作。

（2）地面电工正确布置施工现场，合理放置机动绞磨。

（3）1号、2号电工携带绝缘传递绳登塔至横担处，挂好安全带，将绝缘滑车和绝缘无极绳在作业横担适当位置安装好。

（4）若是盘形瓷质绝缘子串，地面电工将火花间隙检测器及绝缘操作杆组装好后传递给塔上电工，2号电工检测所要更换的绝缘子串，判断是否满足作业所需良好绝缘子片数。

（5）地面电工地面传递保护绳和绝缘软梯，1号电工安装保护绳和绝缘软梯，绝缘软梯挂点与绝缘子挂点距离大于1.5m。

（6）2名等电位电工依次绑好防坠落保护绳，分别顺软梯下到与导线平行的位置，2号电工利用绝缘保护绳摆动软梯将等电位电工送入电场，等电位电工进入等电位后绑好安全带。

（7）地面电工将专用接头、绝缘拉杆、小转角四钩卡分别传递到塔上，1号、2号电工和等电位电工相互配合，将2套吊线工具安装在被更换的绝缘子串两侧。

（8）地面电工传递反束绳，由等电位电工安装在绝缘子串下端与导线（金具）之间。

（9）等电位电工收紧小转角四钩卡，使提系统稍稍受力后检查各受力点的连接情况。

（10）等电位电工继续收紧小转角四钩卡，提升导线使被更换绝缘子串松弛，地面电工收紧反束绳配合等电位电工脱开碗头挂板与联板的连接，地面电工松反束绳使绝缘子串自然悬垂。

（11）地面电工将绝缘子传递绳、绝缘子串尾绳分别传递给地电位电工和等电位电工。地面电工收紧机动绞磨的绝缘绳，2 号电工拔掉球头挂环与第一片绝缘子处的锁紧销，脱开球头挂环与第一片绝缘子处的连接。

（12）地面电工松机动绞磨，拉好绝缘子串尾绳，配合将绝缘子串放至地面。

（13）地面电工将绝缘子传递绳和绝缘子串尾绳分别转移到新绝缘子串上。

（14）地面电工启动机动绞磨。将新绝缘子串传递至绝缘子串挂点位置，1 号、2 号电工恢复新绝缘子与球头挂环的连接，并复位锁紧销。地面电工松出机动绞磨，使新绝缘子自然垂直。

（15）地面电工收紧反束绳，配合等电位电工恢复绝缘子与联板的连接。等电位电工松小转角四钩卡丝杆，将绝缘拉杆上的垂直荷载转移到绝缘子串上。

（16）地电位电工与等电位电工配合拆除绝缘子串更换工具，并传递至地面。

（17）2 名等电位电工检查确认导线上无遗留工具，经工作负责人同意后依次沿软梯退出电场。

（18）1 号、2 号电工配合拆除塔上全部作业工具，检查确认无遗留工具后，携带绝缘传递绳平稳下塔。

（19）按照带电作业现场标准化流程进行"工作终结"。

【思考与练习】

1. 简述等电位更换 330kV 及以上直线 V 型绝缘子串的作业方法。

2. 简述在工作结束后进行如何进行工作终结。

3. 等电位更换 500kV 直线转角绝缘子串作业在提线装置安装完成后，至摘开球头挂环之间要完成哪些工作？你认为主要难点在哪个环节？

▲ 模块 4　更换 330kV 及以上直线单片绝缘子（Z07F5004Ⅲ）

【模块描述】本模块包含带电更换 330kV 及以上直线单片绝缘子的作业方法、工艺要求及相关安全注意事项。通过作业方法及操作实例的介绍，熟悉各种作业方法及其特点，掌握更换 330kV 及以上直线单片绝缘子作业前的准备、危险点分析和控制措施、作业步骤和质量标准。

【模块内容】

一、工作内容及作业方法介绍

更换 330kV 及以上直线单片绝缘子作业方法，根据绝缘子位置的不同大致分为 3 类：横担端、导线端及串中任意一片。本部分主要介绍以等电位作业方式，采用托瓶架法带电更换 330kV 及以上直线任意片绝缘子的作业方法，对其他作业方法只作简单介绍。

1. 地电位更换横担端绝缘子

更换横担端绝缘子一般采用地电位的方式如图 11-4-1 所示。该作业方式主要是利用横担端部卡和闭式卡前卡，由塔上地电位作业人员操作完成，作业时将闭式卡的前卡卡住待更换绝缘子前一片的钢帽，将横担端部卡卡住绝缘子串挂点的金具，通过收紧丝杆，转移待换绝缘子的荷载，实现对绝缘子的更换。更换横担端部绝缘子时应注意闭式卡前卡与绝缘子钢帽间须结合紧密、受力良好。在保证串中良好绝缘子片数的情况下，靠近横担的 1～3 片绝缘子均可采用此种方式。该作业方法操作简单，实用性强，效率较高。

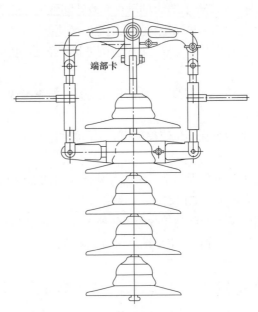

图 11-4-1　地电位更换横担端绝缘子

2. 等电位更换导线端绝缘子

更换导线端绝缘子一般采用等电位作业法，如图 11-4-2 所示。该作业方式主要是利用导线端部卡卡住绝缘子串导线侧金具，利用闭式卡后卡卡住待换绝缘子的前一片，通过收紧丝杆，转移待换绝缘子的荷载，实现对绝缘子的更换。此项作业一般由 1 名等电位电工在导线侧独立操作完成。该作业方法操作简单、实用性强、效率较高，在保证串中良好绝缘子片数的情况下，靠近导线端的 1～3 片绝缘子均可采用此种方式。

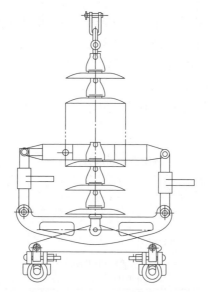

图 11-4-2　等电位更换导线端绝缘子

3. 插板法更换 500kV 直线单串任意片绝缘子

插板法带电更换 500kV 直线单串任意片绝缘子一般采用等电位作业法,如图 11-4-3 所示。该作业方式主要是利用紧线丝杆、绝缘拉杆、直线四钩卡等吊线工具提升导线。脱开绝缘子串后,由等电位控制绝缘子串从分裂导线中间松下,将叉板插入待更换的

图 11-4-3　插板法更换单片绝缘子

绝缘子的下一片，将待更换绝缘子以下的绝缘子串自重转移到插板上，即可对绝缘子进行更换。此作业方法不必将绝缘子串传递到地面，简化了工序、减轻了工作量，作业方法也较为简单，在现场作业中的应用较为普遍。

二、危险点分析和预控措施

等电位作业托瓶架更换 500kV 直线单串任意片绝缘子的常见危险点和预控措施如表 11-4-1 所示。

表 11-4-1　　　　　　　　　　　危险点分析和预控措施

序号	危险类型	危险点	预控措施
1	工具失效	工具连接失效	（1）承力工具均应经过定期机械试验合格，使用前应进行外观检查。 （2）作业前应计算绝缘子串的垂直荷载，选择相应的吊线工具。 （3）脱开绝缘子串连接前应先检查、确认吊线工具的完好情况
		工具失灵	紧线丝杆使用前应进行外观检查，保证转动灵活
2	机械伤害	作业过程中绝缘子断串	（1）进行更换作业前应先检查绝缘子串的完好情况，特别是钢脚和钢帽是否锈蚀严重或雷击熔化。 （2）对于新绝缘子应检查钢脚、钢帽是否有松动、裂纹。 （3）绝缘子串恢复连接时，应认真检查，确认各部连接可靠、锁紧销齐全
		高处落物	（1）工具材料应用绝缘绳索传递，小件物品应装袋，作业点正下方禁止人员逗留。 （2）在托瓶架中进行绝缘子更换操作时，应将拆开的绝缘子固定牢靠，防止高处坠落
3	高处坠落	登高及移位过程中发生高处坠落	攀登杆塔时，注意爬梯或脚钉是否牢固、可靠，安全带应系在牢固的构件上，检查扣环是否扣牢。杆上转移作业位置时，不得失去安全带保护
		作业过程中发生高处坠落	安全带应系在牢固的构件上，检查扣环是否扣牢，安全带、后备保护绳应分别系挂在不同的牢固构件上
4	高电压	感应电刺激伤害	（1）杆上作业人员必须穿导电鞋，必要时穿合格的屏蔽服。 （2）在绝缘子串未脱离导线前，地电位作业人员不得接触横担侧第一片绝缘子
		工具绝缘失效	（1）应定期试验合格。 （2）运输过程中妥善保管，避免受潮。 （3）使用时操作人员应戴防汗手套。 （4）作业过程中绝缘承力工具、绝缘绳的有效长度应保持在3.7m 以上。绝缘操作杆的有效长度应保持在 4.0m 以上。 （5）现场使用前应用绝缘测试仪检查其绝缘阻值不小于700MΩ

续表

序号	危险类型	危险点	预控措施
4	高电压	空气间隙击穿	（1）作业前应确认空气间隙满足安全距离的要求，对于无法确认的，应现场实测确认后，方可进行作业。 （2）必须保证专人监护，监护人在作业人员靠近带电体之前应事先提醒，保证其安全距离达到 3.4m 以上。 （3）更换紧凑型铁塔中相绝缘子时，等电位电工进入电场的组合间隙应经校核。作业时等电位作业人员应从塔身一定距离以外的导线处进入电场，再沿导线移动到作业位置
		短路	（1）更换绝缘子串作业前应先用火花间隙法检测绝缘子。 （2）更换过程中扣除零值及被金属工具短接的绝缘子，完好绝缘子片数不得少于 23 片
5	恶劣天气	气象条件不满足要求	带电作业应在良好的天气下进行。如遇雷、雨、雪、雾不得进行带电作业，风力大于 5 级时，一般不宜进行带电作业
		天气突变	（1）作业前应事先了解天气情况，在作业现场的工作负责人应时刻注意天气变化，特别是夏季的雷雨。 （2）作业过程中发生天气突变时，在保证人员安全的前提下尽快撤离工具

注　在海拔 1000m 以上带电作业时，应根据不同海拔高度，修正各类空气与固体绝缘的安全距离和长度、绝缘子片数等。

三、作业前准备

1. 作业方式

采用等电位作业方式，使用横担卡具、紧线丝杆、绝缘拉杆、直线四钩卡提升导线，使用托瓶架更换 500kV 直线单串任意片绝缘子。

2. 人员组成

工作负责人（监护人）1 人，等电位电工 1 人，塔上电工 2 人，地面电工 3 人。

3. 作业工器具、材料配备

等电位作业托瓶架更换 500kV 直线单串任意片绝缘子所使用的主要工具如表 11-4-2 所示。

表 11-4-2　　　　　　　　主 要 工 器 具、材 料

序号	工具名称	规格、型号	单位	数量	备注
1	绝缘绳	ϕ12mm	条	3	
2	绝缘绳套	ϕ16mm	条	3	
3	绝缘软梯	9m	副	1	
4	绝缘滑车	5kN	只	1	
5	火花间隙检测器		套	1	包括绝缘杆

续表

序号	工具名称	规格、型号	单位	数量	备注
6	绝缘拉杆	ϕ32mm	副	2	
7	紧线丝杆		副	2	
8	绝缘托瓶架		副	1	
9	直线四钩卡		副	2	
10	横担卡具		副	2	
11	2-2滑车组		副	1	
12	屏蔽服	Ⅱ型	套	3	
13	绝缘子检测仪		台	1	检测新绝缘子用
14	绝缘测试仪	ST2008	台	1	也可用绝缘电阻表
15	防潮苫布		块	1	
16	绝缘子		片	若干	根据需要选用

四、作业步骤和质量标准

（1）按照带电作业现场标准化流程完成准备工作。

（2）塔上1号、2号电工携带绝缘传递绳登塔至横担处，挂好安全带，将绝缘滑车和绝缘无极绳在作业横担适当位置安装好。

（3）地面电工将火花间隙检测器传递绳传递给塔上电工，塔上电工检测所要更换绝缘子串，判断是否满足良好绝缘子片数。

（4）地面电工传递绝缘软梯和绝缘保护绳，塔上1号、2号电工安装绝缘软梯。等电位电工登塔打好绝缘保护绳，沿绝缘软梯下到导线平行位置，塔上电工利用绝缘保护绳摆动绝缘软梯配合等电位电工进入电场。

（5）地面电工将横担卡具、绝缘拉杆、紧线丝杆、直线四钩卡等吊线工具传递到工作位置，等电位电工与塔上1号、2号电工配合将其安装在被更换的绝缘子串两侧，并稍稍收紧吊线工具。图11-4-4为托瓶架法更换500kV线路中任意单片绝缘子。

（6）地面电工将2-2滑车组、托瓶架分别传递到安装位置。塔上电工与等电位电工配合2-2滑车组、托瓶架。

（7）塔上电工收紧紧线丝杆，使绝缘子松弛，冲击检查承力工具受力可靠后，拆除碗头锁紧销，塔上电工继续收紧丝杆，等电位电工脱离碗头与绝缘子串的连接。

（8）地面电工收紧组2-2滑车组，使托瓶架托住绝缘子串摆动至水平位置。地面电工将新绝缘子传递给塔上电工，塔上电工换上新绝缘子，并复位新绝缘子上、下锁紧销。

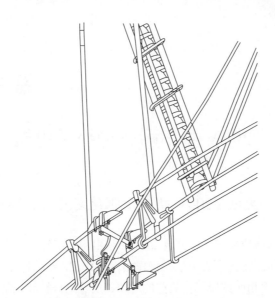

图 11-4-4　托瓶架法更换 500kV 线路中任意单片绝缘子

（9）地面电工放松 2-2 滑车组，使绝缘子串自然悬垂，等电位电工恢复碗头与绝缘子串的连接，并上好锁紧销。

（10）1 号、2 号电工松出丝杆使绝缘子串受力，冲击检查绝缘子串受力正常后，等电位电工、塔上电工配合拆除 2-2 滑车组、托瓶架、吊线工具并传递至地面。

（11）等电位电工退出电场，1 号、2 号电工配合拆除塔上全部工具后，下塔返回地面。

（12）按照带电作业现场标准化流程完成工作终结程序。

【思考与练习】

1. 插板法更换单片绝缘子使用的主要工器具有哪些？

2. 总结本文几种更换单片绝缘子作业方法的特点。

3. 使用托瓶架更换 500kV 直线单串任意片绝缘子作业中，如何保证绝缘子串不翻串？一旦翻串应如何处理？

第十二章

220kV 整串耐张绝缘子更换

▲ 模块 1　更换 220kV 整串耐张绝缘子（Z07F6001Ⅱ）

【模块描述】本模块包含带电更换 220kV 整串耐张绝缘子的作业方法、工艺要求及相关安全注意事项。通过作业方法及操作实例的介绍，熟悉各种作业方法及其特点，掌握更换 220kV 整串耐张绝缘子作业前的准备、危险点分析和控制措施、作业步骤和质量标准。

【模块内容】

一、工作内容

带电更换 220kV 耐张整串绝缘子的方法有等电位作业法和地电位作业法，本部分主要介绍大刀卡具、丝杆、绝缘拉扳采用地电位作业更换 220kV 耐张双联水平排列整串绝缘子的方法，对于其他方法只做简单的介绍。

（一）绝缘子串结构简介

220kV 耐张绝缘子串有单联、双联垂直排列、双联水平排列等结构方式，如图 12-1-1 至图 12-1-3 所示。通常情况下以双联水平排列最为常用。使用的绝缘子有瓷绝缘子、钢化玻璃绝缘子、复合绝缘子等几种。连接金具一般有 U 型环、直角挂板、延长环、球头挂环、二联板、方型联板、碗头挂板、调节板等，耐张线夹通常采用压缩型。

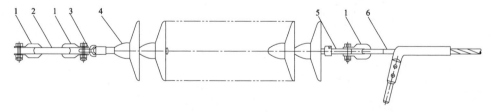

图 12-1-1　220kV 耐张单联绝缘子串结构

1—U 型挂环；2—延长环；3—球头挂环；4—瓷绝缘子；5—碗头挂环；6—耐张线夹

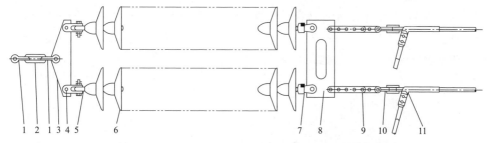

图 12-1-2　220kV 耐张双联垂直排列绝缘子串结构

1—U 型挂环；2—挂环（延长型）；3—联板（L 型）；4—联板（Z 型）；5—球头挂环；6—瓷绝缘子；

7—球头挂环（WS 型）；8—联板（LF 型）；9—挂板（PT 型）；10—U 型挂环；11—耐张线夹

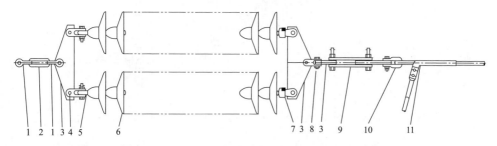

图 12-1-3　220kV 耐张双联水平排列绝缘子串结构

1—U 型挂环；2—挂环（延长型）；3—联板（L 型）；4—联板（Z 型）；5—球头挂环；6—瓷绝缘子；

7—球头挂环（WS 型）；8—挂板（Z 型）；9—挂板（PT 型）；10—U 型挂环；11—耐张线夹

（二）作业方法介绍

1. 地电位作业法带电更换 220kV 耐张单联绝缘子

地电位作业法带电更换 220kV 耐张单联绝缘子串如图 12-1-4 所示。使用的工具与带电更换 110kV 耐张单联绝缘子串基本相同，导线侧使用 CD 卡具，横担侧使用翼型卡具，更换时卡具安装在绝缘子串两侧金具上，通过丝杆和绝缘拉板收紧导线，使绝缘子串松弛到绝缘托瓶架上对其进行更换。

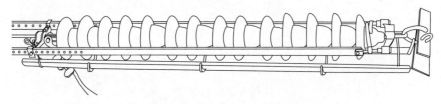

图 12-1-4　地电位作业法带电更换 220kV 耐张单联绝缘子串

2. 地电位作业法带电更换 220kV 耐张双联水平排列绝缘子串

地电位作业法带电更换 220kV 耐张双联绝缘子串如图 12-1-5 所示。使用的主要工具有大刀卡具、丝杆、绝缘拉板、绝缘托瓶架。更换时大刀卡具的前卡安装在导线侧二联板上，后卡安装在横担侧二联板上，丝杆和绝缘拉板连接大刀卡具的前后卡，通过收紧丝杆使绝缘子串松弛到绝缘托瓶架上对其进行更换。

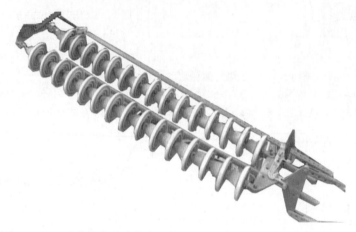

图 12-1-5　地电位作业法带电更换 220kV 耐张双联水平排列绝缘子串

3. 地电位作业法带电更换导线侧采用方型联板的 220kV 耐张双联水平排列绝缘子串

地电位作业法带电更换导线侧采用方型联板的 220kV 耐张双联水平排列绝缘子串如图 12-1-6 所示。使用的主要工具有方联板卡具、翼型卡具后卡、丝杆、绝缘拉板、绝缘托瓶架，更换时方联板卡具安装在导线侧方型联板与导线连接的第一个金具位置，翼型卡具安装在横担侧二联板与绝缘子串连接的直角挂板上，丝杆和绝缘拉板（可向内调节长度）连接前后卡具，通过收紧丝杆使绝缘子串松弛到绝缘托瓶架上对其进行更换。

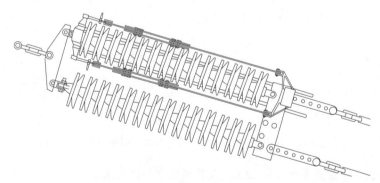

图 12-1-6　地电位作业法带电更换导线侧采用方型联板的 220kV 耐张双联水平排列绝缘子串

4. 等电位作业法带电更换 220kV 耐张双联垂直排列绝缘子串

等电位作业法带电更换 220kV 耐张双联垂直排列绝缘子串，工具配置与带电更换 220kV 耐张单联绝缘子串类似，其前后卡具也是在翼型卡具的基础上改进而成的。更换时导线侧卡具安装在导线侧方型联板与导线连接的第一个金具位置，横担侧卡具安装在横担侧二联板上，丝杆和绝缘拉板（棒）连接前后卡具，通过收紧丝杆使绝缘子串松弛到绝缘托瓶架上对其进行更换。其现场工具使用如图 12-1-7、图 12-1-8 所示。

图 12-1-7　等电位作业法带电更换 220kV 耐张双联垂直排列绝缘子串卡具

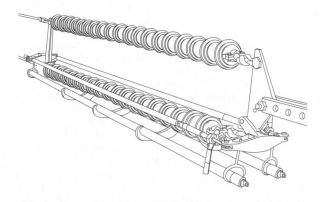

图 12-1-8　等电位作业法带电更换 220kV 耐张双联垂直排列绝缘子串卡具及工具安装

二、危险点分析和预控措施

地电位作业大刀卡更换 220kV 耐张双联水平排列整串绝缘子的常见危险点和预控措施如表 12-1-1 所示。

表 12-1-1   危险点分析和预控措施

序号	危险类型	危险点	预控措施
1	工具失效	工具连接失效	（1）承力工具均应经过定期机械试验合格，使用前应进行外观检查。 （2）应根据绝缘子串的水平张力选择相应的卡具、丝杆、拉板，在脱开绝缘子串的连接前应先检查各承力工具的受力情况。 （3）安装大刀卡具时导线侧卡具应卡插到位，横担侧卡具的销钉螺母应锁紧
		工具失灵	紧线丝杆使用前应进行外观检查，保证转动灵活
2	机械伤害	作业过程中绝缘子断串	（1）进行更换作业前应先检查绝缘子串的完好情况，特别是钢脚和钢帽是否锈蚀严重或雷击熔化。 （2）对于新绝缘子应检查钢脚、钢帽是否有松动、裂纹
		高处落物	（1）工具材料应用绝缘绳索传递，小件物品应装袋，作业点正下方禁止人员逗留。 （2）传递绝缘子串应检查每片绝缘子的弹簧销是否缺损。递吊线工具时应将各部位连接螺栓拧紧，绝缘操作杆应检查接头连接情况
3	高处坠落	登高及移位过程中发生高处坠落	攀登杆塔时，注意爬梯或脚钉是否牢固、可靠，杆上转移作业位置时，不得失去安全带保护
		作业过程中发生高处坠落	安全带应系在牢固的构件上，检查扣环是否扣牢，安全带、后备保护绳应分别系挂在不同的牢固构件上
4	高电压	感应电刺激伤害	（1）在 220kV 线路作业，为防止塔上作业人员受感应电刺激，应穿导电鞋、戴屏蔽手套或穿静电服作业。 （2）地电位作业人员须在绝缘子串与导线侧脱离后，方可用手直接操作第 1 片绝缘子
		工具绝缘失效	（1）应定期试验合格。 （2）运输过程中妥善保管，避免受潮。 （3）使用时操作人员应戴防汗手套。 （4）作业过程中绝缘绳的有效长度应保持在 1.8m 以上。绝缘操作杆的有效长度应保持在 2.1m 以上。 （5）现场使用前应用绝缘测试仪检查其绝缘阻值不小于 700MΩ
		空气间隙击穿	（1）作业前应确认空气间隙满足安全距离的要求，对于无法确认的，应现场实测确认后，方可进行作业。 （2）必须保证专人监护，监护人在作业人员进入横担靠近带电体之前，应事先提醒
		短路	（1）更换绝缘子串作业前应先用火花间隙法检测绝缘子。 （2）更换过程中扣除零值及被金属工具短接的绝缘子，完好绝缘子片数不得少于 9 片。 （3）更换绝缘子作业过程中，须在绝缘子串与导线脱离连接后，地电位人员方可用手操作第一片绝缘子。直接用手操作绝缘子时不得超过第 2 片

续表

序号	危险类型	危险点	预控措施
5	恶劣天气	气象条件不满足要求	带电作业应在良好的天气下进行。如遇雷、雨、雪、雾不得进行带电作业，风力大于5级时，一般不宜进行带电作业
		天气突变	作业前应事先了解天气情况，在作业现场的工作负责人应时刻注意天气变化，特别是夏季的雷雨。作业过程中发生天气突变时，在保证人员安全的前提下尽快撤离工具

注　在海拔1000m以上带电作业时，应根据不同海拔高度，修正各类空气与固体绝缘的安全距离和长度、绝缘子片数等。

三、作业前准备

1. 作业方式

采用地电位作业方式，用大刀卡具、丝杆、拉板收紧导线；用绝缘操作杆装脱导线侧碗头。

2. 人员组合

工作负责人（监护人）1人、杆（塔）上电工2人、地面电工4人。

3. 作业工器具、材料配备

地电位作业大刀卡更换220kV耐张双联水平排列整串绝缘子所使用的主要工具如表12-1-2所示。

表12-1-2　　　　　　　　　主要工器具、材料

序号	工具名称	型号/规格	单位	数量	备注
1	大刀卡具	220kV	副	1	
2	绝缘拉板	220kV	块	1	
3	绝缘托瓶架	220kV	副	1	
4	火花间隙检测器		只	1	配绝缘检测杆
5	耐张取销器		只	1	
6	碗头扶正器		只	1	
7	单轮绝缘滑车	5kN	只	1	
8	绝缘绳套	$\phi 12mm \times 400mm$	条	1	
9	绝缘操作杆	3.5m	副	2	
10	绝缘传递绳	$\phi 14mm$	条	1	
11	地电位取销钳		把	1	
12	反光镜		只	1	

续表

序号	工具名称	型号/规格	单位	数量	备注
13	绝缘安全带		条	2	
14	脚扣	φ300mm	副	2	选用
15	绝缘子检测仪		台	1	也可用绝缘电阻表
16	绝缘测试仪	ST2008	台	1	也可用绝缘电阻表
17	瓷绝缘子	XP–10	个	14	
18	防潮苫布	3m×3m	块	2	

四、作业步骤和质量标准

（1）按照带电作业现场标准化流程完成准备工作。

（2）1 号、2 号电工登杆（塔）至作业横担位置，绑好安全带，挂好滑车及传递绳。选择滑车挂点位置时，应注意既要方便工具的传递和取用，又要使工具的传递路线与操作相的引流线保持足够的安全距离。

（3）地面电工绑好火花间隙检测器传递至杆上，1 号电工检测绝缘子。

（4）地面电工将组装好的大刀卡具、丝杆、绝缘拉板、绝缘操作杆、绝缘托瓶架，按照操作顺序逐件传递至杆上。

（5）1 号电工持绝缘拉板及卡具，2 号电工持绝缘操作杆，相互配合将大刀卡具前卡固定在导线侧二联板上，将大刀卡具后卡固定在横担二联板上。安装大刀卡具前卡时应检查卡具插入到位，安装大刀卡具后卡时应确认插销到位并锁紧。安装过程 1 号电工的身体部位不得超过第一片绝缘子。大刀卡具前卡安装如图 12-1-9 所示。

图 12-1-9 大刀卡具前卡安装

（6）2 号电工手持绝缘操作杆与 1 号电工配合将绝缘脱瓶架的绝缘管插入导线侧支撑架，将绝缘托瓶架的三角固定架与大刀卡具后卡连接并上好螺栓。绝缘托瓶架安装前应调节好导线侧支撑架的高度，使托瓶架的绝缘管能与绝缘子串平行、紧贴。安装后应检查托瓶架 2 根绝缘管是否均已插入导线侧支撑架。1 号电工安装托瓶架的三角固定架时应注意手脚与横担下方的引流保持 1.8m 及以上的安全距离。

（7）1 号电工稍稍收紧丝杆，2 号电工用绝缘操作杆对预先安装在大刀卡具前卡上的反光镜进行调整，以便看清碗头挂板和弹簧销，1 号电工利用绝缘操作杆上的取销器取出导线侧碗头挂板内弹簧销。取弹簧销前应收紧丝杆使其稍稍受力，以碗头挂板内的绝缘子球头不卡住弹簧销为宜。

（8）1号电工继续收紧丝杆使绝缘子串松弛在绝缘托瓶架上，冲击检查承力工具后，2号电工用操作杆脱开绝缘子串与导线侧碗头挂板的连接。收紧丝杆时用力要均匀，尽量减小绝缘拉板的扭动幅度。2号电工脱碗头挂板时可利用绝缘操作杆前后移动绝缘子串，使碗头挂板内的球头便于脱出。

（9）1号电工用传递绳绑牢绝缘子串，地面电工拉住传递绳，1号电工取出横担侧第一片绝缘子的弹簧销，脱开绝缘子碗头与金具连接。1号、2号电工与地面电工配合，利用传递绳将旧绝缘子传递至地面，换上新绝缘子。传递绝缘子应使用规范电工绳扣绑扎，1号电工取销、脱碗头时手和工具不得超过第二片绝缘子，绝缘子串吊离、放入托瓶架时应平稳顺滑，防止绝缘子与金属部件磕碰或卡入托瓶架。

（10）1号、2号电工配合恢复绝缘子串两侧的连接并上好弹簧销。操作时应先恢复横担侧绝缘子碗头与球头挂环的连接并上好弹簧销，再通过调节丝杆和移动绝缘子串使导线侧最后一片绝缘子的球头对准碗头挂板的球窝，2号电工利用绝缘操作杆上的碗头扶正器恢复导线侧碗头挂板与绝缘子球头的连接。碗头挂板安装如图12-1-10所示。

（11）1号、2号电工配合拆除工具，利用传递绳将工具传递至地面，检查塔上无遗留工具后，携带绝缘滑车及绝缘传递绳沿杆（塔）返回地面。

图12-1-10 碗头挂板安装

（12）按照带电作业现场标准化作业流程进行"工作终结"。

【思考与练习】

1. 带电更换220kV耐张水平排列绝缘子串与更换耐张垂直排列绝缘子串的操作方法有何不同？

2. 地电位作业法带电更换220kV耐张双联水平排列绝缘子串，要完成哪些操作后，2号电工才能顺利脱开导线侧绝缘子与碗头挂板的连接？

3. 练习地电位更换220kV耐张双联水平排列绝缘子串取销、送销3次。

第十三章

330kV 及以上耐张单片绝缘子更换

▲ 模块 1　更换 330kV、500kV 耐张单片绝缘子（Z07F7001Ⅲ）

【模块描述】本模块包含带电更换 330kV 及以上耐张单片绝缘子的作业方法、工艺要求及相关安全注意事项。通过作业方法及操作实例的介绍，熟悉典型作业方法及其特点，掌握更换 330kV 及以上耐张单片绝缘子作业前的准备、危险点分析和控制措施、作业步骤和质量标准。

【模块内容】

一、工作内容

更换 330kV、500kV 耐张单片绝缘子，除更换横担侧 1～2 片绝缘子采用地电位作业法外，一般均采用等电位作业方法，根据耐张绝缘子在绝缘子串位置的不同，作业方法又可分为更换横担侧 1～2 片绝缘子、更换导线侧 1～2 片绝缘子以及更换绝缘子串中任意一片绝缘子 3 种。本部分主要介绍带电更换 500kV 耐张绝缘子串中任意一片绝缘子的作业方法，对其他方法作简单介绍。

（一）耐张绝缘子串结构简介

耐张绝缘子串一般由 U 型挂环、延长环、联板、直角挂板、绝缘子串、均压屏蔽环、平行挂板、调整板和耐张线夹组成。耐张段的绝缘子有单串、双串和多串等多种型式，其中双串最为常用。图 13-1-1 和图 13-1-2 是 2 种较为常见的组装方式。

（二）作业方法介绍

1. 地电位作业法带电更换横担侧第 1～2 片耐张绝缘子

更换耐张串横担侧第 1～2 片绝缘子，可以采用地电位作业法，所使用的主要工器具是端部卡、闭式卡前卡和丝杆，工具安装如图 13-1-3 所示，作业时将端部卡安装在绝缘子串与横担连接的金具上，将闭式卡前卡安装在横担侧需更换绝缘子前一片的钢帽上，收紧丝杆转移绝缘子串的荷载，即可对绝缘子进行更换。作业过程中，为防止卡具失效，可在安装卡具的绝缘子前一片再安装一副闭式卡前卡，连上保护绳作为防脱落后备保护。作业前应检测绝缘子，确保扣除零值及被卡具短接的绝缘子后，完好的绝缘子片数能满足相应电压等级的规定片数。

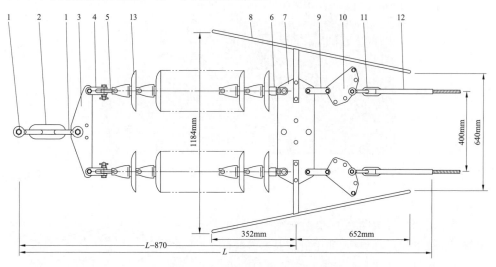

图 13-1-1　330kV 耐张绝缘子串组装方式

1—U 型挂环；2—延长环；3—联板；4—直角挂板；5—球头挂环；6—碗头挂板；7—联板；
8—均压屏蔽环；9—平行挂板；10—调整板；11—U 型挂环；12—耐张线夹；13—绝缘子

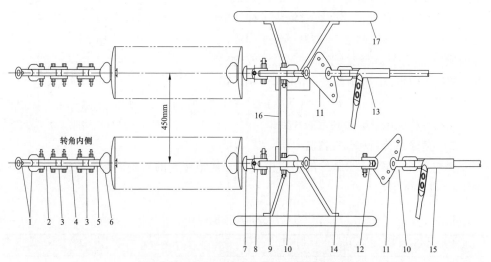

图 13-1-2　500kV 耐张绝缘子串组装方式

1—U 型挂环；2—调整板（DB 型）；3—挂板（P 型）；4—牵引板；5—球头挂环（QP 型）；6—绝缘子；
7—碗头挂板（W 型）；8—直角挂板；9—联板（L 型）；10—U 型挂环；11—调整板（DB 型）；
12—直角挂板；13—耐张线夹；14—拉杆（YL 型）；15—耐张线夹；16—支撑架；17—均压屏蔽环

图 13-1-3 利用端部卡和闭式卡前卡带电更换横担侧绝缘子

2. 等电位作业法更换导线侧 1～2 片绝缘子

更换耐张串导线侧第 1～2 片绝缘子，可采用等电位作业法进行更换，所用的主要工器具有端部卡、丝杆、闭式卡后卡等，如图 13-1-4 所示。更换作业时，将端部卡安装在绝缘子串与导线侧联板连接的碗头挂板处，将闭式卡后卡安装在导线侧需更换绝缘子后一片的钢帽上，收紧丝杆转移绝缘子串的荷载，即可对绝缘子进行更换。更换耐张串导线侧第 1～2 片绝缘子作业，等电位电工可采用沿绝缘子串进入电场或软梯摆入法进入电场，作业前应检测绝缘子，确保扣除零值及被卡具短接的绝缘子后，完好的绝缘子片数能满足相应电压等级规定的片数。

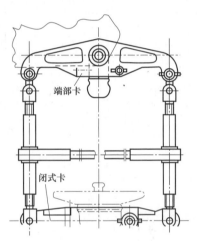

图 13-1-4 利用端部卡和闭式卡后卡带电更换导线侧绝缘子

二、危险点分析和预控措施

带电更换 500kV 耐张绝缘子串中任意一片绝缘子的常见危险点和预控措施如表 13-1-1 所示。

表 13-1-1　　　　　　危险点分析和预控措施

序号	危险类型	危险点	预控措施
1	工具失效	工具连接失效	(1) 承力工具均应经过定期机械试验合格，使用前应进行外观检查。 (2) 作业前应计算绝缘子串的荷载，选择相应的卡具、丝杆。 (3) 脱开绝缘子串连接前应先检查、确认闭式卡具的完好情况。 (4) 安装过程应注意闭式卡与绝缘子钢帽咬合紧密、闭锁可靠
		工具失灵	紧线丝杆使用前应进行外观检查，保证转动灵活

序号	危险类型	危险点	预控措施
2	机械伤害	作业过程中绝缘子断串	（1）进行更换作业前应先检查绝缘子串的完好情况，特别是钢脚和钢帽是否锈蚀严重或雷击熔化。 （2）对于新绝缘子应检查钢脚、钢帽是否有松动、裂纹。 （3）绝缘子串恢复连接时，应认真检查确认各部连接可靠、锁紧销齐全
		高处落物	（1）工具材料应用绝缘绳索传递，作业点正下方禁止人员逗留。 （2）传递单片绝缘子时应使用正确绳扣并绑扎牢固
3	高处坠落	登高及移位过程中发生高处坠落	攀登杆塔时，注意爬梯或脚钉是否牢固、可靠，安全带应系在牢固的构件上，检查扣环是否扣牢。杆上转移作业位置时，不得失去安全带保护
		作业过程中发生高处坠落	安全带应系在牢固的构件上，检查扣环是否扣牢，安全带、后备保护绳应分别系挂在不同的牢固构件上
4	高电压	感应电刺激伤害	杆上作业人员必须穿导电鞋，必要时穿合格的屏蔽服
		工具绝缘失效	（1）应定期试验合格。 （2）运输过程中妥善保管，避免受潮。 （3）使用时操作人员应戴防汗手套。 （4）作业过程中绝缘绳的有效长度应保持在 3.7m 以上；绝缘操作杆的有效长度应保持在 4.0m 以上。 （5）现场使用前应用绝缘测试仪检查其绝缘阻值不小于 700MΩ
		空气间隙击穿	（1）作业前应确认空气间隙满足安全距离的要求，对于无法确认的，应现场实测确认后，方可进行作业。 （2）必须保证专人监护，监护人在作业人员靠近带电体之前应事先提醒，保证其安全距离达到 3.4m 以上。 （3）等电位电工沿绝缘子串进入电场动作应规范，保证组合间隙不小于 4.0m
		短路	（1）更换绝缘子串作业前，应先用火花间隙法检测绝缘子，确保更换过程中扣除零值及被金属工具、人体短接的绝缘子，完好绝缘子片数不得少于 23 片。 （2）等电位电工安装、拆除闭式卡具时，保证短接绝缘子片数不得超过 3 片，并注意人体短接的绝缘子串位置、片数与闭式卡具短接的位置、片数应相同
5	恶劣天气	气象条件不满足要求	带电作业应在良好的天气下进行。如遇雷、雨、雪、雾不得进行带电作业，风力大于 5 级时，一般不宜进行带电作业
		天气突变	（1）作业前应事先了解天气情况，在作业现场工作的负责人应时刻注意天气变化，特别是夏季的雷雨。 （2）作业过程中发生天气突变时，在保证人员安全的前提下尽快撤离工具

注　在海拔 1000m 以上带电作业时，应根据不同海拔高度，修正各类空气与固体绝缘的安全距离和长度、绝缘子片数等。

三、作业前准备

1. 作业方式

闭式卡具作为更换工具，采用沿绝缘子串进入电场的作业方式，带电更换 500kV 耐张绝缘子串中任意一片绝缘子。

2. 人员组成

工作负责人（监护人）1 人，等电位电工 1 人，地面电工 2 人。

3. 作业工器具、材料配备

带电更换 500kV 耐张绝缘子串中任意一片绝缘子所使用的主要工具如表 13-1-2 所示。

表 13-1-2 主 要 工 器 具、材 料

序号	工具名称	规格	单位	数量	备注
1	绝缘吊绳	ϕ10mm	根	1	
2	火花间隙检测器		套	1	配绝缘杆
3	绝缘滑车	5kN	个	1	
4	闭式卡		套	1	根据绝缘子确定型号
5	绝缘保护绳	ϕ14mm	根	2	
6	屏蔽服	Ⅱ型	套	2	
7	绝缘安全带		条	2	
8	绝缘子检测仪		台	1	检测新绝缘子
9	绝缘测试仪	ST2008	台	1	也可用绝缘电阻表
10	对讲机		部	2	
11	防潮苫布	2m×4m	块	4	
12	绝缘子		片	1	型号根据现场需要

四、作业步骤和质量标准

（1）按照带电作业现场标准化流程完成准备工作。

（2）等电位电工携带绝缘传递绳登塔至横担处，系好安全带，将绝缘滑车和绝缘传递绳至作业横担适当位置并安装好。

（3）若是瓷质绝缘子串，地面电工将火花间隙检测器传递给等电位电工，等电位电工检测绝缘子，判断是否满足作业所需良好绝缘子片数。

（4）等电位电工系好安全带及防坠落保护绳，携带绝缘传递绳，沿绝缘子串进入作业点，进入电位时双手抓扶作业串，双脚踩非作业串，采用如图 13-1-5 所示的方法平行移动到达作业位置，挂好传递绳。

（5）地面电工将组装好的闭式卡传递至等电位电工作业位置。

（6）等电位电工将闭式卡安装在被更换绝缘子的相邻 2 片的钢帽上。

（7）等电位电工收紧丝杆，使之稍稍受力，检查并确认各受力无异常后，取出被换绝缘子两侧的锁紧销，均衡收紧丝杆，取出绝缘子。

（8）等电位电工用利用绝缘传递绳将劣质绝缘子传至地面，换上新绝缘子。

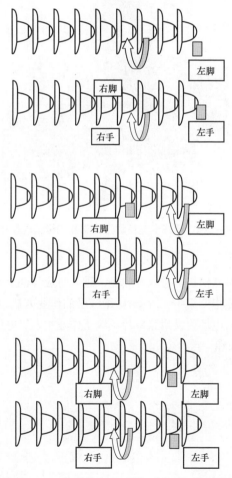

图 13-1-5　等电位电工"跨二短三"移动示意

（9）等电位电工安装新绝缘子，复位前后侧锁紧销，松丝杆，检查新绝缘子安装无误后，拆除工具传递至地面。

（10）等电位电工检查确认绝缘子串上无遗留工具后，携带绝缘传递绳先沿绝缘子串退回横担侧，平稳下塔。

（11）按照带电作业现场标准化流程进行"工作终结"。闭式卡更换耐张任意片绝缘子现场作业如图 13-1-6 所示。

图 13-1-6　闭式卡更换耐张任意片绝缘子现场作业

【思考与练习】

1. 如何沿绝缘子串从横担侧进入导线侧，进入时应该注意什么？

2. 简述带电更换横担侧第 1～2 片耐张绝缘子的作业方法。

3. 沿绝缘子串进入电场更换耐张单片绝缘子作业中，等电位电工与工作负责人之间在哪些环节需要汇报和许可？

第十四章

110kV 空载线路引线带电断、接

▲ 模块 1　断、接 110kV 空载线路引线（Z07F8001Ⅲ）

【模块描述】本模块包含断、接 110kV 空载线路引线工作程序及相关安全注意事项。通过流程、工艺介绍及要点讲解，熟悉不同作业方法及特点，掌握断、接 110kV 空载线路引线作业前的准备、危险点分析和控制措施、作业步骤和质量标准。

【模块内容】

一、工作内容

带电断、接空载线路引线一般采用等电位作业法，本部分主要介绍采用绝缘软梯进行等电位，使用消弧滑车和消弧绳断开 110kV 空载线路引线的作业方法。对于其他方法只做简单的介绍。

（一）设备简介

断、接空载线路引线，就是在线路设备带电的情况下，通过断开或接通引线的方法将电网中的某一段空载线路断开停运或接上运行，类似于电网中开关或刀闸的拉、合。需进行带电断、接空载线路引线作业的设备，主要有导线呈三角、水平或垂直排列的耐张杆塔引流线及 2 条"T"接线路之间的引线。图 14-1-1 至图 14-1-4 为经常进行断、接空载线路引线杆塔示意。

（二）作业方法介绍

1. 采用消弧绳断、接空载线路引线

采用消弧绳断、接空载线路引线，是较为常用的一种方法，一般采用等电位作业，作业时先在断开点两侧安装好消弧绳，并在空载线路侧的引线端头上设置绝缘控制绳，由地面电工通过消弧绳和绝缘控制绳快速地断开或接通引线的连接点熄灭电弧，由等电位电工负责引线连接点螺栓的拆卸或安装。

2. 采用消弧开关断、接空载线路引线

消弧开关断、接空载线路引线，一般是在空载线路电容电流较大、消弧绳的熄弧能力难以满足要求的情况下采用。消弧开关通常由灭弧室、动触头、静触头和触发装置等组成，具有较强的熄灭电弧能力，其使用方法与消弧绳相类似。作业时先在断开点两侧安装好消弧开关，通过消弧开关断开或接通引线的连接点熄灭电弧，由等电位电工负责引线连接点螺栓的拆卸或安装。图 14-1-5 为采用消弧开关断、接空载线路引线示意。

3. 注意事项

带电断、接空载线路时，应确认线路另一端断路器和隔离开关确已断开，接入线路侧的变压器、电压互感器确已退出运行后，方可进行；带电断、接空载线路引线一般使用消弧绳，断、接线路的最大长度 110kV 不超过 10km，220kV 不超过 3km。线路长度包括分支线在内，有电缆的混合线路一般不宜使用消弧绳进行断、接。

图 14-1-1　导线呈三角排列的单回路耐张塔　　图 14-1-2　导线呈水平排列的单回路耐张杆

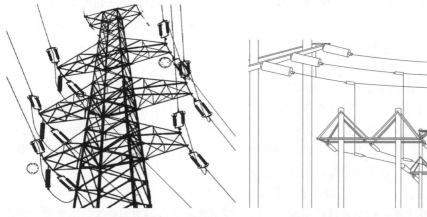

图 14-1-3　导线呈垂直排列的双回路耐张塔　　图 14-1-4　2 条"T"接线路之间的引线

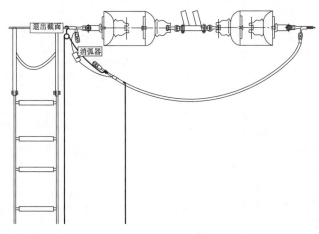

图 14-1-5 采用消弧开关断、接空载线路引线示意

二、危险点分析和预控措施

等电位消弧绳断接 110kV 空载线路引线的常见危险点和预控措施如表 14-1-1 所示。

表 14-1-1   危险点分析和预控措施

序号	危险类型	危险点	预控措施
1	工具失效	工具连接失效	作业前应认真检查软梯、软梯头的完好情况,登软梯前应做悬重试验
2	机械伤害	作业过程中绝缘子断串	挂软梯前应先检查档距两端导线悬挂点绝缘子串金具的完好情况
		导线断裂	挂软梯的导地线截面应符合规程的要求,在孤立档导地线上的作业应经计算合格领导批准
		高处落物	工具材料应用绝缘绳索传递,小件物品应装袋,作业点正下方禁止人员逗留
3	高处坠落	登高及移位过程中发生高处坠落	攀登杆塔时,注意爬梯或脚钉是否牢固、可靠,安全带应系在牢固的构件上,检查扣环是否扣牢;杆上转移作业位置时,不得失去安全带保护
		作业过程中发生高处坠落	等电位电工作业时,应在其上方(或相邻)的导地线上,挂防坠落后备保护绳
4	高电压	感应电刺激伤害	作业人员要接触未接通或已断开的引线前应先接地
		工具绝缘失效	(1) 应定期试验合格。 (2) 运输过程中妥善保管,避免受潮。 (3) 使用时操作人员应戴防汗手套,并注意保持足够有效绝缘长度。 (4) 现场使用前应用绝缘测试仪器检查其绝缘阻值不小于 700MΩ
		空气间隙击穿	(1) 作业前应确认空气间隙满足安全距离的要求。 (2) 等电位电工进场过程中应尽量缩小身体的活动范围,以免造成组合间隙不足;等电位作业人员在电场中应注意与接地体和邻相导线保持安全距离

续表

序号	危险类型	危险点	预控措施
4	高电压	短路	（1）断接耐张杆引流线时可使用操作杆控制引线，断接 2 条线路间的"T"接引线时可在引线上绑几条控制绳加以控制，防止引线摆动过大造成相间短路或单相失地。 （2）在安装和拆除消弧绳时应注意防止消弧绳的金属部分造成短路
		带负荷或带接地断接引线	（1）接空载线路前应检查并确认所有与待接线路相连的开关均已断开，所有固定、临时接地均已拆除。 （2）拆空载线路前应检查并确认线路受电侧的开关已断开，线路处于空载状态
		消弧工具被空载电流烧断	（1）线路断接引前应计算线路的空载电容电流，以选择相应的消弧工具。 （2）采用消弧绳断接空载线路时 110kV 电压等级最长线路长度为 10km。 （3）用消弧绳拉上和断开引线时动作要迅速，以便迅速熄灭电弧
		人体串入空载电路	（1）断接引线要用专用消弧工具，引线断接瞬间等电位人员应离开连接点一定距离。 （2）接引线时应先接好引线后拆除消弧工具，拆引线时应先装好消弧工具后拆引线。等电位人员不得同时接触已断开或未接通的引线两端头
		电弧伤害	等电位作业人员应戴护目镜，在进行引线断、接操瞬间，作业人员应距断开点 4m 以外
5	恶劣天气	气象条件不满足要求	带电作业应在良好的天气下进行。如遇雷、雨、雪、雾不得进行带电作业，风力大于 5 级时，一般不宜进行带电作业
		天气突变	作业前应事先了解天气情况，在作业现场的工作负责人应时刻注意天气变化，特别是夏季的雷雨。作业过程中发生天气突变时，在保证人员安全的前提下尽快撤离工具

注 在海拔 1000m 以上带电作业时，应根据不同海拔高度，修正各类空气与固体绝缘的安全距离和长度、绝缘子片数等。

三、作业准备

1. 作业方式

使用消弧绳、采用绝缘软梯等电位作业法断开 110kV 空载线路引线。

2. 人员组成

工作负责人（监护人）1 人、等电位电工 1 人、塔上电工 1 人、地面电工 2 人。

3. 作业工器具、材料配备

等电位消弧绳断开 110kV 空载线路引线所使用的主要工具如表 14-1-2 所示。

表 14-1-2   主 要 工 器 具、材 料

序号	工具名称	型号/规格	单位	数量	备注
1	绝缘软梯		副	1	
2	消弧绳		根	1	

续表

序号	工具名称	型号/规格	单位	数量	备注
3	屏蔽服	I 型	套	1	
4	护目眼镜		副	1	
5	消弧滑车		只	1	
6	绝缘滑车	5kN	只	1	
7	绝缘绳套	$\phi12mm\times400mm$	根	1	
8	绝缘操作杆	3m	副	1	
9	绝缘绳	$\phi12mm$	根	3	
10	跟斗滑车		只	1	

四、作业步骤和质量标准

（1）按照带电作业现场标准化流程完成准备工作。

（2）等电位电工及塔上电工携带绝缘传递绳登塔，在横担的适当位置挂好安全带，装好绝缘滑车、传递绳。

（3）地面电工利用传递绳将穿好绝缘绳的跟斗滑车及绝缘操作杆传至杆塔上。塔上电工利用绝缘操作杆将跟斗滑车挂在作业相电源侧导线上，并与地面电工互相配合，安装好绝缘软梯。

（4）等电位电工由地面沿软梯进入电场，地面电工将绝缘绳、消弧滑车和消弧绳（装入工具袋）传递给等电位电工。

（5）等电位电工将消弧滑车、消弧绳、绝缘拉绳安装好。

（6）地面电工控制好消弧绳尾绳，等电位电工卸下耐张线夹引流板螺栓后，退出电场回到地面。

（7）塔上电工用操作杆控制引线摆动，地面2名电工（1名电工控制住消弧绳尾绳，另1名电工控制住绝缘拉绳）在工作负责人的指挥下，一拉一松通过消弧绳将引线断开。

（8）塔上电工将空载侧无电引线先接地后，拆除消弧绳和绝缘拉绳，将引线端头固定在横担上。

（9）塔上与地面电工相互配合，拆除消弧滑车、软梯，利用传递绳传回地面，该相断引工作结束。

（10）塔上电工利用绝缘操作杆拆除消弧滑车，挂到另外一相导线上，重复上述操作步骤断开另外两相引流线。

（11）断开三相引流线作业完成后，拆除工具、人员下塔。

（12）按带电作业现场标准化作业流程进行"工作终结"。

带电断开 110kV 空载线路引线图如图 14-1-6 所示。

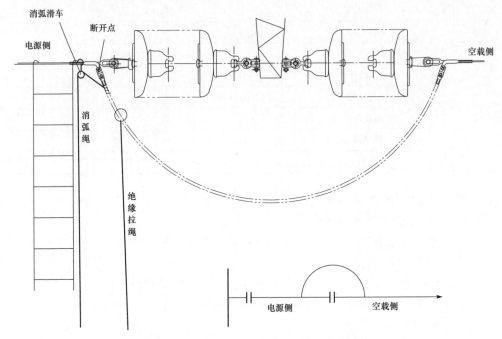

图 14-1-6 带电断开 110kV 空载线路引线图

【思考与练习】

1. 使用消弧绳带电断开空载线路应注意哪些事项？

2. 带电断 110kV 空载线路引线的作业步骤是什么？

3. 带电接 110kV 空载线路引线的作业步骤是什么？

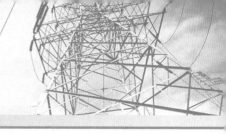

第十五章

组织指挥带电作业

▲ 模块 1 组织指挥基础带电作业项目（Z07F9001Ⅱ）

【模块描述】本模块介绍基础带电作业项目现场组织指挥的内容和要求。通过要点讲解，熟悉基础带电作业项目的作业内容，掌握作业现场布置、作业现场指挥的内容和要求。

【模块内容】

一、作业内容

基础带电作业项目一般是指塔上电工人数较少（包括等电位电工只有 1～2 人），操作程序简单的单项带电作业项目。如：带电检测绝缘子、导线异物摘除、带电更换导地线防振锤、带电修补导线、带电更换间隔棒等。

二、作业前准备

1. 现场查勘

根据作业任务的难易程度和对作业设备的熟悉程度，决定是否需要进行现场查勘。现场查勘主要了解带电作业的各项安全距离是否满足要求，作业档的交叉跨越情况，需处理的缺陷情况及地形、地貌等情况。根据查勘结果决定能否进行带电作业。

2. 相关资料查阅、作业指导书编制、工作票签发

对于在导线上作业的项目，如带电修补导线、带电更换间隔棒等，应充分考虑导线上挂集中荷载引起弧垂变化后对档距中交叉跨越物的安全距离，必要时应对导线应力、弧垂进行验算。

3. 作业工器具、材料配备

对照工具表检查工具、材料齐备情况，若有缺少，应立即补齐；检查材料的规格、型号及质量；若有不符应及时更换以免耽误现场作业。

4. 现场检查和气象观察

（1）对现场工器具进行外观检查，检查在运输过程中有无受潮和损坏；对绝缘工具进行现场检测，检测其绝缘电阻是否符合要求；对屏蔽服进行电阻测试；若有不合

格的工具，应单独放置，以免混在一起被误用。

（2）检查作业设备有无不符合作业要求的情况。若有不符合作业的缺陷存在，能现场处理的，处理后再进行作业；不能处理的，应取消本次作业。

（3）现场气象条件观察，必要时测量现场的空气湿度和风速，若现场气象条件不能满足带电作业的要求，应询问当地气象台天气变化趋势，若天气有好转趋势，待条件满足后再进行作业；若天气无好转趋势，则应取消此次带电作业。

5. 和调度联系

需停用重合闸的工作，应得到调度许可后，方可开始工作；无需停用重合闸的工作，应通知调度：某线路有带电作业，若遇线路跳闸，不经联系，不得强送电。

6. 召开班前会

宣读工作票、交待作业设备情况、作业内容程序、现场安全措施、技术措施及危险点。

7. 人员分工

了解工作班成员的身体和精神状况；交待工作班成员各自的工作任务，根据需要指定专责监护人。

三、作业现场指挥

1. 作业情况分析判断

对现场的作业情况要有分析和预判。熟知整个作业流程中的危险点，并在作业过程中及时提醒，对整个作业现场进行监视和控制。

2. 操作指令发布

监视作业进展情况，安全措施、技术措施执行情况，工作班成员之间的配合情况，根据作业指导书的作业步骤，确认并发布作业指令。

3. 天气情况变化应急处理

作业过程中，要不断监视天气变化情况，如遇天气突变（如雷、雨、雪、大风等）危及作业安全时，必须及时停止作业，迅速将设备恢复原状，或采取必要的安全措施。当来不及实现上述要求时，必须立即命令杆塔上作业人员撤至安全位置。

四、作业评价、工作终结

（1）检查确认本次作业结束，杆塔上工具已拆除，作业人员全部撤离。

（2）召开班后会，对本次作业进行评价。

（3）和调度联系，履行工作终结手续。

【思考与练习】

1. 简述带电作业对现场天气条件的要求，天气变化时如何进行应急处理？

2. 简述带电作业前的现场勘察应包括哪些内容？

3. 组织带电修补导线作业时，前期应考虑和准备哪些内容？

▲ 模块 2　组织指挥复杂或特殊带电作业项目（Z07F9002Ⅲ）

【模块描述】本模块介绍复杂带电作业项目现场组织指挥的内容和要求。通过要点讲解和操作实例介绍，熟悉复杂带电作业项目的作业内容，掌握作业现场布置、作业现场指挥的内容和要求。

【模块内容】

一、作业内容

复杂带电作业项目一般指参与作业的人员较多，作业难度较大，作业程序较为复杂的带电作业项目。如 110kV 线路带电更换架空地线，220kV 线路带电调整导线弧垂，110kV 线路杆塔升、迁、换等。

二、作业前准备

1. 现场勘察

根据现场勘察情况，决定初步技术方案。现场勘察要做详细记录，必要时应绘制草图、拍摄照片，以便制订施工方案时作为参考。

（1）察看作业设备情况。记录作业设备的名称以及杆塔、绝缘子、导线等形式和作业点的具体位置，根据作业项目的需要对相关安全距离进行判断确认；若需要，还应记录相关档的交叉跨越情况，目测交叉跨越距离，必要时还应进行精确测量；还应勘察作业设备有无影响带电作业的重大缺陷，如有，应在带电作业前安排消除。

（2）察看作业现场环境情况。判断现场地形、地貌是否适合带电作业；记录作业现场交通条件、地形地貌情况，作业现场有无障碍物，以及障碍物的准确位置。

2. 天气咨询

在作业方案初步确定后，应咨询当地气象部门近期天气情况，以选择适合带电作业的时间。

3. 资料查阅

根据现场勘察情况，查阅相关资料，明确作业设备的型号和参数；验算作业时的安全距离能否满足要求。若在导线上悬挂软梯作业，还应验算导线的应力能否满足要求，导线上悬挂集中荷载后引起弧垂变化能否满足对交叉跨越物的安全距离要求等。

4. 施工方案编制

根据现场勘察情况、近期天气情况、作业设备参数及计算校验数据、危险点预控措施，确定作业方案，编制施工方案或现场标准作业指导书，履行相关审批手续。

5. 作业交底

组织相关人员,进行交底工作。交待组织措施、技术措施、安全措施、危险点以及所采取的预控措施。要让作业人员了解作业设备的具体情况,作业过程中的每个操作步骤,以及作业过程中的相互配合情况,确认每个作业人员都已明确,必要时可在培训线路上进行模拟作业。

6. 作业工器具、材料配备

根据作业指导书中工具、材料表准备工具和材料。工具准备时,应对工具的外观和型号参数进行检查,绝缘工具还应检查周期试验的时间,对超过试验周期的绝缘工具,应进行周期试验后方可使用。在配备工具和材料时,应配备一定数量的备品,以防损坏或急用。

7. 报调度停用重合闸申请

需要停用线路重合闸的工作,应根据调度要求,申请停用重合闸装置,作业前一定要得到调度的工作许可,方可开始工作。不需要停用线路重合闸的工作,作业前也应通知调度:某线路有带电作业,若遇线路跳闸,不经联系,不得强送。

三、作业现场组织

1. 与调度联系履行工作许可手续

2. 作业现场交待

(1) 作业设备情况交待。

(2) 作业内容、程序交待。

(3) 现场安全措施、技术措施及危险点交待。

3. 人员分工及协调

(1) 了解工作班成员的身体和精神状况。

(2) 交待工作班成员各自的工作任务,指定专责监护人。

4. 作业现场布置

(1) 测量现场湿度和风速,以判定能否进行带电作业。

(2) 清除现场影响作业的障碍,如树木、地面杂草等;铺上防潮布,以摆放工器具、材料。

(3) 将待使用的工器具摆放整齐,并进行外观检查和型号、数量核对;绝缘工具还应进行绝缘电阻测量。

(4) 检查作业设备情况,确认有无影响作业安全的缺陷;如有,应消除后再进行带电作业。

(5) 根据作业方案,布置工具的摆放和安装位置,如无极绳圈、机动绞磨、浪风绳等。

四、作业现场指挥

1. 作业情况分析判断

对现场的作业情况要有分析和预判。熟知整个作业流程中的危险点，并在作业过程中及时提醒，对整个作业现场进行监视和控制。

2. 操作指令发布

监视作业进展情况，安全措施、技术措施执行情况，工作班成员之间的配合情况，在确认上道工序执行到位后，发布下一道工序作业指令。

3. 应急处理

作业过程中，要不断监视天气变化情况，如遇天气突变危及作业安全时，必须及时停止作业，迅速将设备恢复原状，或采取必要的保安措施。当来不及实现上述要求时，应立即命令杆塔上作业人员撤至地面。

遇有突发异常情况应保持镇定，不要忙乱，对异常情况在第一时间内做出正确的判断，根据现场条件指挥作业人员采取临时处置措施，评估异常情况对现场作业的影响，如不影响安全则继续发布下一工序的作业命令，如出现危险情况，应将危险位置的人员迅速撤至安全地区，做好现场的临时处理措施，以限制异常或事故继续扩大并保护好现场；立即向相关领导汇报现场情况，采取临时停电等紧急处理措施。

五、作业评价、工作终结

（1）检查确认本次作业结束，塔上作业人员、工具已全部撤离。

（2）对本次作业进行评价。

（3）和调度联系，履行工作终结手续。

六、检修记录填写及资料归档

根据要求填写相关检修记录和带电作业记录并归档存放。

七、操作实例：220kV 线路导线弛度调整

导线弛度调整分为收紧和放松 2 种。放松的调整量一般不会很大，可通过增加耐张绝缘子片数和调整调节板来进行。本案例介绍收紧导线弛度的方法是将液压式耐张线夹剪掉重新压接。

（一）作业前准备

1. 现场勘察

根据现场勘察情况，决定初步技术方案。

（1）察看作业设备情况。

1）作业点具体位置：220kV××线 3 号塔 C 相前侧导线（面向杆号增加方向右线）。

2）作业设备情况：耐张塔为"干"字形，绝缘子为双串防污型瓷质绝缘子，两端均有二联板，导线为单分裂，耐张线夹为液压式耐张线夹。耐张段共有直线塔 5 基，

分别为 4 号、5 号、6 号、7 号、8 号塔，作业设备无影响带电作业的重大缺陷。

3）用经纬仪测出 C 相导线弧垂的偏差值，并将该耐张段各作业点的杆塔、设备情况用数码照相机拍摄照片，以备制订方案时参考。

（2）察看作业现场环境情况。地形、地貌：××村东，平地，作业区域范围内有小杂树（作业前需修剪树木），可以进行带电作业。将作业现场环境用数码照相机拍摄照片。

2. 天气咨询

打电话咨询当地气象台站，咨询×月×日至×月×日时间段的天气情况，如气象条件不能满足带电作业要求，需调整计划工作时间。

3. 资料查阅

根据现场勘察情况，查找设计图纸，明确作业设备的型号和参数；通过计算来校验初步技术方案。

（1）查询作业杆塔的呼高、塔头尺寸等参数，校验作业时的各种安全距离应均能满足要求。

（2）查询导线的放线特性曲线及各直线塔的垂直档距，计算出导线在带电作业气象条件下的最大张力为 21kN，直线塔悬垂绝缘子串的最大垂直荷载为 6kN；考虑过牵引和安全系数，收线工具组选择额定荷载为 30kN，直线塔的提线工具组选择额定荷载为 15kN。

（3）根据 C 相导线弧垂的偏差值计算出导线多余量约为 500mm。

（4）查询导线型号为 LGJQ–400/35，选用导线耐张线夹。

4. "三措一案" 编制

根据现场勘察情况、近期天气情况、作业设备参数及计算校验数据，确定最终的施工方案，编制 "三措一案" 和现场标准作业指导书，经本部门审核后报请公司总工或分管生产的领导批准后执行。

技术方案要点：

（1）带电将耐张段内需调整相导线从直线塔悬垂绝缘子串上移至放线滑车内。

（2）耐张塔现场布置如图 15–2–1 所示。

（3）用临时引流线将导线和跳线连接，并将跳线临时固定在绝缘转向梯上，拆除耐张引流板螺栓，打开耐张引流板。

（4）用双行程丝杆紧线器和端部卡来收紧导线，用手扳葫芦和卡线器来作设备的后备保护。收紧导线至弧垂满足要求时，量好距离，切除耐张线夹和多余部分的导线，拆除旧耐张线夹。

（5）用液压机将新耐张线夹压好并和二联板连接，连接耐张引流板，拆除临时引流线。

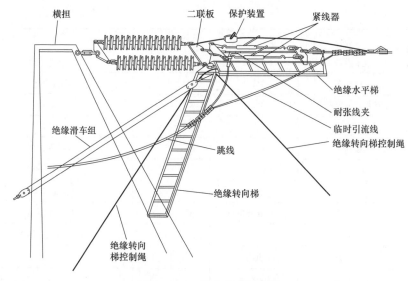

图 15-2-1　耐张塔现场布置

（6）恢复直线塔绝缘子串和导线的连接，拆除工具，工作结束。

5. 作业交底及危险点预控

组织作业和相关人员，进行"三措一案"和现场标准作业指导书交底工作。交待组织措施、技术措施、安全措施、施工质量及作业过程中存在的危险点和所采取的预控措施。要让作业人员了解作业设备的具体情况，作业过程中的每个操作步骤，以及作业过程中的相互配合情况，并履行确认手续，以确认每个作业人员都已了解。

6. 作业工器具、材料配备

根据作业指导书中工具、材料表准备工具和材料。工具准备时，应对工具的外观和型号参数进行检查，绝缘工具还应检查周期试验的时间，对超过试验周期的绝缘工具，应进行周期试验后方可使用。在配备工具和材料时，应配备一定数量的备品，以防损坏或急用。本例中 220kV 线路导线弛度调整所使用的主要工具如表 15-2-1 所示。

表 15-2-1　　　　　　　　　　　主 要 工 器 具 、 材 料

序号	工具名称	规格、型号	单位	数量	备注
1	绝缘转向平梯	4m	副	1	
2	绝缘平梯	3m	张	1	
3	2-3 绝缘滑车组	20kN	组	6	转向平梯控制和直线塔提线
4	绝缘绳	$\phi14mm$	根	10	
5	绝缘滑车	5kN	个	7	直线耐张塔传递工具

续表

序号	工具名称	规格、型号	单位	数量	备注
6	液压设备		套	1	压耐张线夹
7	放线滑车	15kN	只	5	直线塔用
8	双行程丝杆紧线器	30kN	副	2	收线用
9	端部卡		副	2	收线用
10	链条葫芦		副	1	设备保护用
11	卡线器	LGJ-400	只	2	设备保护用
12	绝缘绳套	ϕ14mm×400mm	根	7	挂传递滑车用
13	绝缘绳套	ϕ20mm×500mm	根	6	挂滑车组用
14	绝缘软梯		副	5	直线塔进电场用
15	屏蔽服	Ⅱ型	套	8	
16	防潮苫布	3m×3m	块	8	
17	温湿度表、风速仪		个	各1	
18	液压式耐张线夹	LGJQ-400	副	1	
19	导电脂		瓶	1	压接导线用
20	导线	LGJQ-400	米	3	临时引流线用
21	并沟线夹		个	6	临时引流线用
22	砂纸	0号	张	2	清除导线氧化层
23	清洗剂		瓶	1	清洗导线
24	绝缘检测仪	ST2008	台	1	
25	断线剪		把	1	
26	经纬仪		台	1	观测弧垂用
27	对讲机		台	8	

7. 申请停用重合闸

向调度申请停用重合闸装置，作业前一定要得到调度的工作许可，方可开始工作。

（二）作业现场组织

1. 作业现场交待

（1）作业设备情况交待：交待作业设备和现场布置的具体情况。

（2）作业内容、程序交待。

1）采用等电位作业法，用2～3绝缘滑车组将该耐张段内4号、5号、6号、7号、

8 号共计 5 基直线塔 C 相导线放入放线滑车内,并将悬垂线夹的 U 形螺丝和舌板拆除;收紧绝缘滑车组,将导线荷载转移到绝缘滑车组上。

2) 在 3 号塔 C 相侧塔身导线以下约 30cm 的位置安装绝缘转向梯,梯头在耐张线夹处,吊梯绳用绝缘滑车组连接控制。等电位电工由绝缘转向梯进入电场等电位,在导线防振锤外挂绝缘平梯,另一头绑在绝缘转向梯上。

3) 另一名等电位电工由绝缘转向梯进入梯头位置等电位,2 名等电位电工配合安装临时引流线,并临时固定在绝缘转向梯上,拆除导线防振锤,安装全套紧线装置和导线防脱落后备保护;拆除耐张引流板螺栓,打开耐张引流板,将跳线端头临时固定。

4) 收紧双行程丝杆紧线器,将导线张力移到紧线装置上,用绝缘绳将耐张线夹临时固定在双行程丝杆紧线器上,使其不往下坠;拆除耐张线夹与二联板的连接,继续收紧紧线器,至弧垂满足要求时停止,量取导线的多余量,画好印记,切割导线。

5) 将导线的压接部分用钢丝刷、砂纸和清洗剂清洗干净后,进行耐张线夹的压接。恢复耐张线夹和二联板连接,恢复跳线连接,拆除紧线装置、导线防脱落后备保护和临时引流线,安装防振锤;拆除绝缘平梯,等电位电工撤离电场,拆除绝缘转向梯,下塔。

6) 在拆除收线工具后,直线塔根据情况调整导线护线条位置、安装悬垂线夹、安装防振锤,结束后拆除提线工具,等电位电工撤离电场,拆除软梯下塔,工作结束。

(3) 现场安全措施、技术措施及危险点交待:停用重合闸装置、设专责监护人、监测作业现场天气情况;长的金具工具材料如临时引流线,手扳葫芦等起吊前应圈起或收短后起吊,起吊过程中应保证组合间隙距离;临时引流线、手扳葫芦安装时不能通过人体短接;在打开耐引流板前一定要检查并确认临时引流线连接可靠等现场安全、技术措施;触电危险、高空摔跌、高空落物等危险点及所采取的防范措施。

2. 人员分工及协调

(1) 了解工作班成员的身体和精神状况,如有不适,不要安排其登塔作业。

(2) 交待工作班成员的各自的工作任务,指定专责监护人。

1) 耐张塔等电位电工 2 人,塔上电工 2 人,地面电工 5 人,专责监护人 1 人,工作负责人 1 人。

2) 直线塔分 5 组,每组等电位电工 1 人,塔上电工 1 人,地面电工 3 人,工作负责人(兼监护人)1 人。每组工作负责人携带一部对讲机,和指挥人联系。

3) 5~6 号指定弧垂观测人员 1 人。

3. 作业现场布置

(1) 测量现场湿度和风速,以判定能否进行带电作业。若现场天气条件不能满足带电作业要求,应及时咨询当地气象台站当天天气变化趋势,如有可能出现不利于带电作业的天气,则应取消本次带电作业。

(2)清除现场影响作业的障碍,如树木、地面杂草等;铺上防潮布,以摆放工器具、材料。

(3)将待使用的工器具摆放整齐,并进行外观检查和型号、数量核对;绝缘工具还应进行绝缘电阻测量。

(4)检查作业设备情况,确认无影响作业安全的缺陷;如有,应消除后再进行带电作业。

(5)根据作业方案,将工具和材料合理摆放。

(6)和调度联系,履行停用重合闸许可手续。

(三)作业现场指挥

本作业项目,其主要工作任务在耐张塔上,指挥人员应在耐张塔作业点进行指挥;通过对讲机指挥直线塔作业点进行协调作业。

1. 作业情况分析判断、指挥

(1)根据现场准备工作情况,命令塔上电工和等电位电工登塔。直线塔完成将导线放入放线滑车内,转移荷载;拆除悬垂线夹的 U 形螺丝、舌板和拆除防振锤工作。

(2)指挥塔上电工和地面电工配合,起吊、安装绝缘转向梯、绝缘平梯,等电位电工进入等电位作业点。

(3)指挥地面电工起吊临时引流线,等电位电工进行安装。起吊过程中应严密控制组合间隙距离。

(4)指挥地面电工起吊收线工具组,等电位电工进行组装;组装时提醒导线卡线器尽可能远离耐张线夹,以方便压接。指挥等电位电工打开耐张引流板。

(5)在确认直线塔导线均已放入放线滑车后,指挥等电位电工收紧紧线装置,拆除耐张线夹与二联板的连接,继续收线,5 号和 6 号档内观测电工观察 C 相导线弧垂,当和另一相相同时,停止收线,量好距离,切割耐张线夹和导线多余部分,清除导线表层的氧化层,并清洗干净。

(6)指挥地面电工起吊液压工具,等电位电工进行耐张线夹的压接。

(7)指挥等电位电工将压接好的耐张线夹和二联板连接,并将跳线安装在引流板上,松开收线工具组。

(8)命令直线塔作业组安装悬垂线夹、防振锤。

(9)指挥耐张塔等电位电工安装导线防振锤,拆除工具并用绝缘绳传至地面后撤离电场,塔上电工拆除绝缘转向梯等工具后下塔。

(10)等到直线塔作业组完成作业报告后,下令收起工具,所有人员撤离。

2. 天气情况变化应急处理

作业过程中，要不断监视天气变化情况，如遇天气突变（如雷、雨、雪、大风等）危及作业安全时，必须及时停止作业，迅速将设备恢复原状，或采取必要的保安措施。当来不及实现上述要求时，应立即命令杆塔上作业人员撤至安全位置。

3. 异常情况下的应急处理

（1）保持镇定，不要忙乱，对异常情况在第一时间内做出正确判断。

（2）根据现场条件指挥作业人员采取临时处置措施，评估异常情况对现场作业的影响，如不影响安全则继续发布下一工序的作业命令，如出现危险情况，应将危险位置的人员迅速撤至安全地区。

（3）做好现场的临时处理措施，以限制异常或事故继续扩大并保护好现场；立即向相关领导汇报现场情况，采取临时停电等紧急处理措施。

（四）作业评价、工作终结

（1）检查确认本次作业结束，杆塔上工具已拆除，作业人员全部撤离。

（2）对本次作业任务的完成情况、作业中的安全情况进行评价。

（3）和调度联系，履行工作终结手续。

（五）检修记录填写及资料归档

根据要求填写相关检修记录和带电作业记录并归档存放。

【思考与练习】

1. 带电作业前的现场勘察内容是什么？

2. 简述带电更换 220kV 耐张绝缘子串工作现场指挥步骤。

3. 组织 220kV 线路导线弧度带电调整的技术方案要点有哪些？

◢ 模块 3　编写各种带电作业项目指导书（Z07F9003Ⅲ）

【模块描述】本模块包含编写各种带电作业项目作业指导书的方法、相关要求及注意事项。通过要点讲解和编写实例的介绍，掌握各种带电作业项目作业指导书的编制原则、注意事项、内容、结构及格式。

【模块内容】

输电线路带电作业是高安全风险的工作，作业过程稍有闪失，就会酿成重大事故。要实现作业的长治久安，就必须建立科学的管理机制和方法，实施精细化管理、标准化作业，只有将每一个作业项目的全过程细化、量化、标准化，实施全过程控制，才能将安全生产落到实处，实现"可控、在控"，标准化作业指导书是落实精细化管理、标准化作业的有效载体，其有效实施与否直接关系到现场作业的安全水平，因此其编制环节非常重要。

一、作业指导书的编制原则

（1）作业制导书的编制应体现对现场作业的全过程控制，体现对设备及人员行为的全过程管理。

（2）作业指导书的编制应依据生产计划。生产计划的制定应根据现场运行设备的状态，如缺陷异常、反措要求、技术监督等内容，应施行刚性管理，变更应严格履行审批手续。

（3）作业指导书应在作业前编制，注重策划和设计，量化、细化、标准化每项作业内容。做到作业有程序、安全有措施、质量有标准、考核有依据。

（4）应针对现场实际，进行危险点分析，制定相应的防范措施。

（5）应体现分工明确，责任到人，编写、审核、批准和执行应签字齐全。

（6）围绕安全、质量2条主线，实现安全与质量的综合控制。优化作业方案，提高效率、降低成本。

（7）1项作业任务编制1份作业指导书。

（8）应规定保证本项作业安全和质量的技术措施、组织措施、工序及验收内容。

（9）以人为本，贯彻安全生产健康环境质量管理体系（SHEQ）的要求。

（10）概念清楚、表达准确、文字简练、格式统一。

（11）应结合现场实际由专业技术人员编写，由相应的主管部门审批。

二、作业指导书的结构、内容及格式

（一）结构

输电线路带电作业现场标准化作业指导书由封面、适用范围、引用标准、修前准备、作业程序和附录等几项内容组成。

（二）内容及格式

1. 封面

（1）内容。由作业名称、编号、编写人及时间、审核人及时间、批准人及时间、作业负责人、作业日期、编写部门8项内容组成。

① 作业名称包含电压等级、线路名称、具体作业的杆塔号、作业内容。如《×××kV×××线带电更换绝缘子作业指导书》。② 编号应具有唯一性和可追溯性，以便于查找。可采用企业标准编号，Q/×××，位于封面的右上角。③ 编写人及时间：作业指导书的编写人在指导书编写人一栏内签名，并注明编写时间。④ 审核人及时间：作业指导书的审核人对编写的正确性负责，在指导书审核人一栏内签名，并注明审核时间。⑤ 批准人及时间：作业指导书执行的许可人在指导书批准人一栏内签名，并注明批准时间。⑥ 作业负责人监督检查指导书的执行情况，对检修的安全、质量负责，

在指导书作业负责人一栏内签名。⑦ 作业日期为现场作业具体的工作时间。⑧ 编写部门为作业指导书的具体编写部门。

（2）格式。输电线路带电作业指导书封面格式如图 15–3–1 所示。

编号：Q/×××

××× kV ×× 线带电更换绝缘子作业指导书

编 写：________ ________年________月________日
审 核：________ ________年________月________日
批 准：________ ________年________月________日

作业负责：________

作业日期 年 月 日 时至 年 月 日 时

××××公司（局）×××

图 15–3–1 输电线路带电作业指导书封面格式

2. 适用范围

对作业指导书的应用范围做出具体的规定。如本作业指导书适用于×××kV××线带电更换绝缘子工作。

3. 引用文件

明确编写作业指导书所引用的法规、规程、标准、设备说明书及企业管理规定和文件（按标准格式列出）。

4. 修前准备

（1）准备工作安排。

1）内容。明确准备工作的具体内容、完成准备工作的具体标准、项目的责任人并组织学习作业指导书。

2）格式。准备工作安排的格式如表 15–3–1 所示。

表 15–3–1 准备工作安排

√	序号	内 容	标 准	责任人	备 注

（2）人员要求。

1）内容。规定作业人员的资格，包括作业技能、安全资质、特殊工种资质和作业人员的精神状态。

2）格式。人员要求的格式如表 15-3-2 所示。

表 15-3-2 人 员 要 求

√	序号	内　容	责任人	备注

（3）工器具。

1）内容。包括作业项目使用的所有工器具、仪器仪表的型号、单位和数量等。

2）格式。工器具的格式如表 15-3-3 所示。

表 15-3-3 工 器 具

√	序号	名　称	型号/规格	单位	数量	备注

（4）材料。

1）内容。包括作业项目使用的所有的装置性材料、消耗性材料等。

2）格式。材料的格式如表 15-3-4 所示。

表 15-3-4 材 料

√	序号	名　称	型号/规格	单位	数量	备注

（5）危险点分析。

1）内容。危险点分析的内容包括作业环境、工作中使用的设备、工具、操作方法的失误、作业人员的不安全行为等可能给作业人员带来的危害或设备异常。

2）格式。危险点分析的格式如表 15-3-5 所示。

表 15-3-5 危 险 点 分 析

√	序号	内　容

（6）安全措施。

1）内容。安全措施的内容包括根据相关规程标准规定需采取的安全措施，以及根据项目危险点分析的内容所采取的安全措施。

2）格式。安全措施的格式如表15-3-6所示。

表15-3-6 安 全 措 施

√	序号	内 容

（7）作业分工。

1）内容。明确作业项目中作业人员所承担的具体作业任务。

2）格式。线路检修作业分工如表15-3-7所示。

表15-3-7 线 路 检 修 作 业 分 工

√	序号	作业内容	分组负责人	作业人员

5. 作业程序

（1）开工。

1）内容。开工的内容包括规定需办理的工作票以及许可手续；规定班前会的内容；相关人员签名确认的内容。

2）格式。开工的格式如表15-3-8所示。

表15-3-8 开 工

√	序号	内 容	作业人员签字

（2）作业内容及标准。

1）内容。包括针对本作业项目所执行的详细操作步骤，以及每个步骤的作业标准、安全措施及注意事项，相关人员签名确认等内容。

2）格式。作业内容及标准如表15-3-9所示。

表15-3-9 作 业 内 容 及 标 准

√	序号	作业内容	作业步骤及标准	安全措施注意事项	责任人签字

（3）竣工。

1）内容。规定工作结束后的注意事项。如清理工作现场、整理作业工具、办理工作终结手续等。

2）格式。竣工的格式如表 15-3-10 所示。

表 15-3-10   竣　　工

√	序号	内　　容	负责人员签字

（4）消缺记录。

1）内容。记录作业过程中所消除的缺陷。

2）格式。消缺记录如表 15-3-11 所示。

表 15-3-11   消　缺　记　录

√	序号	缺陷内容	消除人员签字

（5）验收总结。

1）内容。记录带电检修结果，对检修质量做出整体评价；记录存在的问题及处理意见。

2）格式。验收总结的格式如表 15-3-12 所示。

表 15-3-12   验　收　总　结

序号	检修总结	
1	验收评价	
2	存在问题及处理意见	

（6）指导书执行情况评估。

1）内容。对指导书的符合性、可操作性进行评价；对不可操作项、修改项、遗漏项、存在的问题做出统计；提出改进意见。

2）格式。指导书执行情况评估的格式如表 15-3-13 所示。

表 15-3-13　　　　　　　　　　指导书执行情况评估

评估内容	符合性	优		可操作项	
		良		不可操作项	
	可操作性	优		修改项	
		良		遗漏项	
存在问题					
改进意见					

6. 附录

可根据需要添加现场情况说明或现场作业示意图等内容。

三、编写带电作业项目作业指导书的注意事项

（一）危险点分析、安全措施的编写

所谓危险点分析，是指有目的地根据过去的经验教训和现在已知的情况，对即将开始的作业中危险点的状况进行估计、分析、判断和推测，有针对性地制订安全防范措施，保证作业安全、顺利、圆满地完成。

开展危险点分析，首先应做到目的明确。即分析预控活动要紧紧抓住安全生产这一主线，围绕作业项目的全过程来开展。要有很强的科学性，分析预控危险点活动，应该在安全科学理论指导下，运用科学的方法进行客观地分析和判断，找出预控危险点的规律性。要有很强的预见性，在进行分析预控时，要综合于过去和现在的各种情况，包括过去和现在的经验教训，针对即将开始的作业实践，还没有显露却有可能存在的危险点进行推测，判断作业中存在哪些危险点，每处危险点有可能造成哪些危险等，更重要的是要运用分析预控得出的结论指导作业实践，使这些危险点得到有效地控制。

输电线路带电作业过程中，危险点分析的具体内容一般包括：作业环境中存在的可能给作业过程带来的危险因素，如高空、带电体的安全威胁，以及气象条件、杆塔结构、线路交叉跨越等不利于作业的情况带来的危险因素；工作中使用的设备、工具等可能给作业过程带来的危害或设备异常，如承力工具损坏、绝缘工具失效等；操作方法的失误等可能给作业过程带来的危害或设备异常，如采用的作业方法错误或作业人员违章操作等；作业人员的身体状况不适、思想波动、技术水平能力不足等可能带来的危害或设备异常；其他可能给作业过程带来危害或造成设备异常的不安全因素。进行危险点分析时可从以上几个方面认真进行分析和梳理，并将分析的结果一一列出。

编写安全措施时，可根据作业项目相关规程标准规定，结合项目危险点分析的内容编制针对性的安全措施和技术措施，并将其条文一一列出。编写时应注意把握好尺度，既要简单实用又要深入具体，既要避免好大求全将所有相关规程、标准全部罗列，造成篇幅过大使操作者难以执行，又要避免高度概括泛泛而谈，写成通用版本。在编写安全措施时，还应注意对每一条措施进行细化和量化，如将"安装卡具时应注意与带电体保持足够安全距离"写成"安装卡具时应注意与横担下方220kV带电体保持1.8m以上的安全距离"显然更为明确具体。总之，安全措施的编写应充分考虑现场需要，使其更具可操作性。

（二）作业程序的编写

作业程序是作业指导书最核心的部分，其编写质量的优劣将直接影响到现场作业的成败。作业程序的编写一般是先综合考虑作业现场条件、作业人员和工具配置情况以及危险点分析情况，再根据现场操作规程及以往作业经验确定操作方案。编写时先按照操作方案的先后顺序分为几个大的作业步骤，并以制表的方式列出，再将每一个作业步骤细分为若干个具体的作业程序，最后把每一个作业程序的操作方法、工艺标准和相应的安全措施详细地写出。

编写作业程序时应注意，作业程序的内容应与现场实际操作吻合，应避免所写非所做，失去指导现场作业的意义；作业程序的内容应符合相关规程标准的规定，采用新的操作方法或作业程序应履行相应的审批程序；作业程序应尽可能做到通俗易懂，避免使用复杂、冗长、夸张的语言或难懂、生僻的词语来编写；作业程序中的操作方法、工艺标准和相应的安全措施的编写应深入细致，明确定性、定量的依据标准，要做到不同技能水平的现场操作人员都能看懂和领会。

四、编写实例

（一）等电位作业法带电更换220kV耐张绝缘子作业指导书

编号：**Q/××××-001**

<u>220</u>kV<u>××</u>线带电更换耐张双联绝缘子串作业指导书

编写：＿＿＿＿ ＿＿＿年＿＿月＿＿日

审核：＿＿＿＿ ＿＿＿年＿＿月＿＿日

批准：＿＿＿＿ ＿＿＿年＿＿月＿＿日

作业负责人：＿＿＿＿

作业日期　　年　月　日　时至　　年　月　日　时

××省××电业局送电部

1 适用范围

适用于 220kV××线 3 号塔带电更换 A 相后侧右串耐张绝缘子。

2 引用文件

GB/T 6568—2008　带电作业用屏蔽服装

GB/T 18037—2008　带电作业工具基本技术要求与设计导则

GB/T 13035—2008　带电作业用绝缘绳索

GB/T 13034—2008　带电作业用绝缘滑车

GB/T 14286—2008　带电作业工具设备术语

GB/T 2900.55—2016　电工术语　带电作业

国家电网公司　电业安全工作规程（电力线路部分）

DL/T 699—2007　带电作业用绝缘托瓶架通用技术条件

××省电网带电作业操作规程

××电业局带电作业操作规程

3 修前准备

3.1 准备工作安排

√	序号	内　容	标　　准	责任人	备　注
	1	现场勘察	杆塔周围环境，作业部位，导地线规格，绝缘子规格，地形状况等，判断能否采用带电作业		
	2	查阅有关资料	（1）了解有关导线资料，根据导线的荷载，确定使用工具的型号。 （2）了解系统接线的运行方式，判断是否需要停用重合闸		
	3	了解现场气象条件	判断是否符合《安规》对带电作业气象条件的要求		
	4	组织现场作业人员学习作业指导书	掌握整个操作程序，理解工作任务及操作中的危险点及控制措施		

3.2 人员要求

√	序号	内　　容	责任人	备　注
	1	带电作业人员必须持有有效资格证及上岗证		
	2	作业人员周期身体检查合格、精神状态良好		
	3	安规考试合格		

3.3 工器具

√	序号	名　称	型号/规格	单　位	数　量	备　注
	1	大刀卡具	220kV	副	1	
	2	绝缘拉板	220kV	根	1	
	3	丝杠	30kN	套	1	
	4	绝缘传递绳	$\phi 14mm$	条	1	
	5	传递滑车	5kN	个	1	
	6	绝缘绳	$\phi 10mm$	条	3	
	7	绝缘绳套	$\phi 14mm$	条	1	
	8	吊瓶钩		只	2	
	9	绝缘软梯	18m	副	1	
	10	软梯架		副	1	
	11	绝缘托瓶架	220kV	副	1	
	12	防水苫布		块	3	
	13	绝缘检测仪	RST—2000	台	1	
	14	屏蔽服	Ⅱ型	套	1	
	15	绝缘子零值检测仪		台	1	
	16	火花间隙检测器	球–球间隙	只	1	
	17	挂软梯滑车	3kN	个	1	
	18	绝缘滑车	5kN	个	1	
	19	防坠保护绳专用滑车	3kN	个	1	
	20	绝缘操作杆	3.8m	副	1	
	21	小铁钩		只	1	
	22	环型挂钩		只	4	
	23	全身式绝缘安全带		副	2	
	24	防坠器		只	1	
	25	取销钳		把	1	

注　绝缘工器具机械及电气强度均应满足安规要求，周期预防性及检查性试验合格。

3.4 材料

√	序号	名　称	型　号	单　位	数　量	备　注
	1	绝缘子	XP-100	片	14	

3.5 危险点分析

√	序号	内　容
	1	登塔时、塔上作业时，可能引起高空坠落
	2	作业过程，工器具、材料，可能发生高空坠物
	3	地电位电工与带电体及等电位电工与接地体安全距离不够，可能引起触电伤害
	4	卡具、丝杆、绝缘拉板等承力工具，不能承载导线荷重，引起导线脱落
	5	等电位电工攀登软梯过程中可能发生高处坠落
	6	作业过程中因短接绝缘子串后良好绝缘子少于规定数量，绝缘子串闪络，对作业人员造成伤害

3.6 安全措施

√	序号	内　容
	1	作业人员应按规定佩戴好安全帽，正确使用双控安全带。认真核对线路双重名称和杆号，攀爬过程中手脚应抓牢踏稳，在杆塔上作业转位时，应全过程使用防坠器。攀登软梯作业时使用防坠落后备保护绳
	2	地面人员严禁在作业点垂直下方活动。塔上人员应防止掉东西，使用的工具、材料应用绳索传递，放置牢靠
	3	如遇雷、雨、雪、雾、风力大于 5 级及空气相对湿度大于 80%时，不宜进行带电作业
	4	作业全过程必须设专人监护，监护人不得直接操作，监护的范围不得超过一个作业点
	5	作业前，应准确复测劣质绝缘子的位置和片数，良好绝缘子片数不得少于 9 片
	6	在带电作业过程中如设备突然停电，作业人员应视设备仍然带电
	7	地电位作业，人身与带电体的安全距离不得小于 1.8m。绝缘操作杆有效长度不得小于 2.1m，其他绝缘工具的有效长度不得小于 1.8m
	8	作业前应仔细检查工具是否损坏、变形、失灵，绝缘工具应进行绝缘电阻测量。操作绝缘工具时应戴清洁、干燥的手套，并应防止绝缘工具在使用中脏污和受潮
	9	软梯挂上导线后，应对软梯悬挂情况进行认真检查核对，并进行悬重试验。攀登软梯前对后备保护绳进行冲击试验
	10	在脱开绝缘子串连接前，必须详细检查卡具、丝杆、拉板等受力部件是否正常良好，经检查无问题后方可脱离
	11	等电位作业电工应穿合格全套屏蔽服，各部位连接可靠，作业中不许脱开，转移电位时严禁由等电位电工头部充放电，人体裸露部分与带电体的距离大于 0.3m。等电位人员与接地体安全距离不得小于 1.8m，与邻相导线安全距离不得小于 2.5m

3.7　作业分工

√	序号	作业内容	分组负责人	作业人员
	1	工作负责人1名，负责组织协调现场工作及安全监护		
	2	塔上地电位电工1名，负责挂拆传递绳、检测绝缘子、挂拆软梯滑车、与等电位电工配合装拆工具更换绝缘子		
	3	等电位电工1名，负责配合地电位电工装拆工具更换绝缘子		
	4	地面电工3名，负责传递工器具、材料，控制软梯及防坠落后备保护绳		

4　作业程序

4.1　开工

√	序号	内　　容	作业人员签字
	1	工作负责人办理带电作业工作票，编制作业指导书	
	2	工作负责人经与调度联系，工作线路重合闸已经解除，可以开始带电作业（工器具已预先摆放整齐）	
	3	（1）全体工作班成员穿戴全套劳保用品列队。 （2）工作负责人穿好红马甲，检查防护用品、人员身体状况、作业指导书学习情况、交代安全注意事项、工作任务。 （3）工作班成员明确后进行签字，工作负责人发布开始工作的命令	

4.2　作业内容及标准

√	序号	作业内容	作业步骤及标准	安全措施注意事项	责任人签字
	1	核对线路双重名称	派专人核对线路双重名称和杆号	按照带电作业工作票中所列线路双重名称和杆号核对现场作业点线路名称和杆号	
	2	检查测试工具材料	（1）正确佩戴个人安全用具：大小合适，锁扣自如。作业人员互相检查由工作负责人监督。 （2）派专人检查等电位电工屏蔽服外观，各部位连接情况。 （3）派专人检查杆塔塔身、基础。 （4）派专人对所需工具进行检查、测试。 （5）派专人进行新瓷瓶清洗、测零	（1）绝缘、承力工具使用前，应仔细检查其是否损坏、变形、失灵。绝缘工具应用绝缘检测仪进行绝缘检测，电阻值应不低于700MΩ。 （2）新瓷瓶使用绝缘子检测仪测试绝缘电阻，电阻值不得小于500MΩ	
	3	攀登铁塔	地电位电工携带绝缘传递绳登塔，选择合适位置绑好腰绳，将传递绳滑车装在横担上，然后配合地面电工将传递绳拉紧装好	在登塔时，必须使用双控安全带和戴安全帽，要求穿导电鞋，攀登过程不得失去防坠器的保护，在杆塔上作业转位时，不得失去安全带保护	

续表

√	序号	作业内容	作业步骤及标准	安全措施注意事项	责任人签字
	4	检测绝缘子	地面电工将装有火花间隙器的绝缘操作杆及软梯滑车传至塔上。地电位电工取下绝缘操作杆检查火花间隙后对绝缘子串进行检测	同一串中良好绝缘子片数不得少于9片，检测时绝缘操作杆的有效长度应保持在2.1m以上	
	5	安装软梯及后备保护绳	（1）地电位电工用绝缘操作杆将带有绝缘绳的软梯滑车挂在导线上。 （2）地面电工预先将防坠落后备保护绳挂在软梯头上，利用软梯滑车上的绝缘绳将软梯头拉至导线上挂好，并将软梯头闭锁。 （3）对软梯进行悬重试验，对后备保护绳进行冲击试验	进行悬重试验时，应注意导线对地及跨越物的安全距离	
	6	进入强电场	等电位作业电工扣好保护绳后攀登软梯，经工作负责人同意后与导线等电位，绑好安全带，装好软梯架安全闭锁	（1）等电位电工对接地体安全距离不得小于1.8m，对邻相导线安全距离不得小于2..5m，进入电场时严禁由头部充放电人体裸露部分与带电体的距离大于0.3m。 （2）等电位电工登软梯过程后备保护绳应由专人有效控制	
	7	组装工具	（1）地面电工将大刀卡具、丝杆、拉板、托瓶架等传至塔上。地电位电工、等电位电工相互配合，按程序组装好紧线工具。 （2）工具组装完毕检查无问题后，塔上电工稍微收紧紧线丝杠，安装调整好托瓶架	（1）传递工具时金属部件应避免从引流线上方直接传递。 （2）地电位电工要保持与带电体安全距离大于1.8m，绝缘工具的有效长度大于1.8m。 （3）杆塔上下传递工具绑扎绳扣应正确可靠，安装工具时应防止掉落零部件，地面电工不得在作业点正下方逗留	
	8	脱开旧绝缘子串更换新绝缘子	（1）冲击检查前卡具、丝杠、拉板各受力部件无问题后，地面电工拉紧托瓶架，等电位电工拔掉弹簧销，脱开导线侧碗头。地面电工松下托瓶架控制绳，使绝缘子串成垂状态。 （2）地面电工与地面电工配合利用传递绳吊下旧绝缘子串，同时吊上新绝缘子串，地面电工、地电位电工、等电位电工配合，安装新绝缘子串，上好弹簧销	（1）绝缘子串在脱导线前，必须详细检查卡具、丝杠、拉板等受力部件是否正常良好，检查后认为无问题后经负责人同意方可脱开碗头连接。 （2）旧绝缘子吊落地面与新绝缘子起吊可以同时进行，传递过程吊钩钩绑扎牢靠，钩挂到位，并控制好传递绳，防止新旧绝缘子串碰撞，地面电工不得在绝缘子串正下方逗留	
	9	拆除更换工具	地电位电工检查绝缘子串连接正常并得到工作负责人同意后，与等电位电工配合拆除工具，利用传递绳传至地面	工器具传递过程应平缓，绳扣绑扎正确，控制有效，不磕碰。地面电工不得在正下方逗留	
	10	等电位电工撤离	（1）等电位电工向工作负责人申请电位转移，许可后快速脱离电场，并沿软梯下至地面。 （2）地面电工拉紧软梯滑车上的绝缘绳，拆除软梯放至地面	等电位电工下软梯前应系牢后备保护绳，并由专人有效控制	

续表

√	序号	作业内容	作业步骤及标准	安全措施注意事项	责任人签字
	11	地电位电工撤离	地电位电工利用绝缘操作杆取下软梯滑车,利用传递绳将绝缘操作杆及软梯滑车吊至地面。检查杆上无遗留物后,携带防坠器下塔	下塔过程应使用防坠器,手脚应抓牢踏稳	

4.3 竣工

√	序号	内 容	负责人员签字
	1	清理现场及工具,认真检查杆(塔)上有无留遗物,工作负责人全面检查工作无误后,通知调度并终结工作票,撤离现场,做到人走场清	

4.4 消缺记录

√	序号	缺陷内容	消除人员签字
	1		
	2		

4.5 验收总结

序号	检 修 总 结	
1	验收评价	
2	存在问题及处理意见	

4.6 指导书执行情况评估

评估内容	符合性	优		可操作项	
		良		不可操作项	
	可操作性	优		修改项	
		良		遗漏项	
存在问题					
改进意见					

5. 附录

作业示意图。

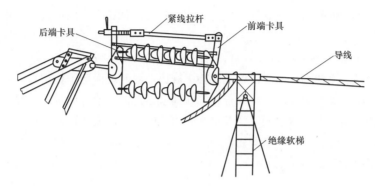

紧线拉杆托瓶架法更换耐张整串绝缘子（示意图）

【思考与练习】

1. 作业指导书的编制原则是什么？

2. 编制作业指导书的安全措施时应注意哪些事项？

3. 编制作业指导书的作业程序时应注意哪些事项？

▲ 模块 4　带电作业项目案例分析（Z07F9004Ⅲ）

【模块描述】本模块介绍带电作业典型事故案例。通过事故案例陈述及案例分析，熟悉事故产生的原因、违反规程的条款，掌握同类事故的防范措施。

【模块内容】

一、110kV 线路带电断开引线过程发生的人身事故

（一）设备概况

110kV 输电某线全长 23.67km，杆塔共 76 基，69～76 号因设备存在危急缺陷，急需进行检修，因 66～67 号之间"T"接了一条重要线路，经考虑在 68 号耐张杆处进行断引，68～76 号空载线路断开距离为 4.86km，68 号为"干"字形耐张塔，导线三角排列，三相导线均采用压缩式耐张线夹。

（二）事故经过

2007 年 11 月 17 日，某局输电部带电班准备在 110kV 某线 68 号耐张塔实施带电断开引线作业，当天作业的工作班成员共 6 人，工作负责人高某，现场指定专责监护人许某，由胡某担任等电位电工负责断引操作。作业开始后工作班在 68 号耐张塔 A 相向 67 号侧挂软梯，等电位电工胡某沿软梯进入电场后，感觉戴屏蔽手套操作不方便，就把 2 只屏蔽手套全部脱掉直接操作，地面电工将消弧绳与消弧滑车传递到作业位置后，胡某随手将消弧滑车挂在导线上，将消弧绳的软铜线在引流线的端头上打了个结，就取出扳手开始拆除引流板螺栓，此时工作负责人高某和专责监护人许某正在杆下讨论第二天的工作，并未注意到这一细节，等电位电工胡某将 2 个螺栓的螺帽全部拆除后，一只手抓住引流线端头，另一只手抓在耐张线夹处，喊了一句"拉一下消弧绳"，就开始用力将引流线端头的引流板从螺栓上脱出，此时地面电工拉紧消弧绳，但由于软铜线未绑牢，受力后绳结自行脱开，消弧绳坠落地面，恰好此时胡某已将引流线端头从螺栓上脱出，造成两手同时触及已断开引线的两端，人体串入电路，空载电流由一手通过心脏流经另一手，当即死亡。图 15-4-1 为 110kV 线路带电断开引线过程发生的人身事故示意。

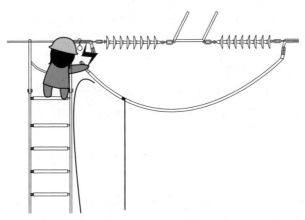

图 15-4-1　110kV 线路带电断开引线过程发生的人身事故示意

（三）事故原因分析

1. 直接原因

（1）等电位电工胡某（死者）安全意识淡薄，缺乏基本的自我保护意识，作业方法不当，擅自违反操作程序和工艺要求，在消弧绳未绑牢、地面人员未拉紧受力的情况下，自行开始拆除线夹螺栓，违反了《电力安全工作规程》8.4.1.2 条"带电断、接空载线路时，作业人员应戴护目镜，并应采取消弧措施"及 8.4.1.5 条"严禁同时接触未接通的或已断开的导线 2 个断头，以防人体串入电路。"的规定。致使消弧绳脱落，造成人体串入电路，是导致事故的直接原因。

（2）等电位电工胡某违反《电力安全工作规程》8.3.2 条"等电位作业人员应在衣服外面穿合格的全套屏蔽服（包括帽、衣裤、手套、袜和鞋），且各部分应联结良好。屏蔽服内还应穿着阻燃内衣。"的规定。擅自脱下屏蔽手套进行作业，是导致事故的重要原因。

2. 间接原因

（1）工作监护制度执行不力。等电位电工拆除引流板连接螺栓的作业工序是该作业项目最危险的工作内容，但工作负责人（监护人）高某，现场专责监护人许某，在分配工作任务后没有始终监护胡某的动作。违反了《电力安全工作规程》2.5.1 条中"工作负责人、专责监护人应始终在工作现场，对工作班人员的安全认真监护，及时纠正不安全的行为"。工作负责人（监护人）高某，现场专责监护人许某，在当事人有危险行为时未能及时发现并有效制止，是导致事故的主要间接原因。

（2）工作负责人危险点分析不到位，关键危险因素未能有效辨识，安全技术交待不彻底，违反《电力安全工作规程》2.3.11.2 第三款"工作前对工作班成员进行危险点告知，交代安全措施和技术措施，并确认每一个工作班成员都已知晓"，致使等电位电工胡某执行安全措施和技术措施不到位，是导致事故的间接原因。

（3）工作班成员安全意识淡薄，违反了《电力安全工作规程》2.3.11.5 第二款"严格遵守安全规章制度、技术规程和劳动纪律，对自己工作中的行为负责，互相关心工作安全，并监督本规程的执行和现场安全措施的实施"对等电位电工胡某违章操作未及时制止，未起到有效监督的作用，是导致事故的间接原因。

（四）暴露问题

（1）安全意识淡薄，工作人员工作过程中未严格执行《电力安全工作规程》规定，不按作业程序随意操作，没有养成安全工作的习惯，未按规定穿着劳动防护用品。监护人员没有全过程认真履行监护责任。工作前未能全面做到作业任务清楚、危险点清楚、作业程序清楚、安全措施清楚。

（2）安全素质不高，教育培训工作效果不明显，危险点分析和安全控制措施缺乏针对性，安全风险辨识不全面不彻底。现场安全措施的确认、交代和安全技术交底内容不清晰，不具体，操作性不强。

（3）作业组织混乱，作业过程随意性大，未能严格按照标准化作业流程开展工作。

（五）防范措施

（1）深刻吸取事故教训，加强作业现场标准化作业指导书的执行力度，严格按照标准化作业程序逐项执行，并进行"打勾"确认后再执行下一道工序，做到不更改、不漏项。

（2）认真进行现场作业的危险点分析辨识，明确每一道工序存在的危险并采取针对性的措施。对于带电断、接引过程中消弧绳脱落的问题，可采取使用规范绳结、软铜线端部用细铁丝扎牢等措施予以防范。

（3）加强现场作业人员的安全、技术培训，提高作业人员的安全意识和自我保护意识，通过强化技术培训，提高作业人员技术水平，使其能够明确每一个带电作业项目的安全要点，作业时能执行到位。

（4）加大现场执规力度，现场作业应严格按照相关规程制度要求开展作业，杜绝习惯性违章，改变散漫、随意的作业习惯。对于带电作业现场监护不规范、不认真，不按要求穿戴安全防护用品等的情况，进行严肃查究。

二、在 110kV 同塔双回线路带电更换绝缘子过程中发生的人员触电重伤事故

（一）设备概况

某局线路工区 110kV 某某 I 回、某某 II 回系双回同塔线路，因雷击造成 110kV 某某 I 回 49 号塔、某某 II 回 49 号塔 B 相（中相）绝缘子整串闪络，该线路全长 19.6km，杆塔基数 56 基，49 号塔为直线塔，塔型为 110ZGU2 鼓型铁塔，该型铁塔上横担与中横担间距 2.5m，上导线金具及绝缘子串长 1.1m。上导线与中横担的净距离为 1.4m。

（二）事故经过

2006 年 6 月 3 日，线路工区带电班准备于次日对 110kV 某某 I 回、某某 II 回的雷击绝缘子进行带电更换。本次作业工作班成员共 7 人，准备采用地电位作业法，使用 2-3 滑车组作为吊线工具，进行更换绝缘子作业。由于山路较远天气炎热，工作负责人秦某提出带 2 组作业工具，现场作业时 I 回和 II 回同时开展，这样可以缩短作业时间。但班长施某（工作票签发人）不同意，而工作负责人秦某坚持己见。2 人意见不统一，激烈争论，最后班长勉强同意，工作负责人秦某办理了工作票后，由于心里还有怒气，就没有认真查阅作业设备的资料，也没提出现场勘察，从班组电脑中调出上周另一条单回线路带电更换直线绝缘子串的作业指导书，将设备名称和杆塔编号修改后直接套用。2006 年 6 月 4 日 10 时 31 分作业班组到达现场，工作负责人秦某进行了简单分工和安全交代后开始作业，现场分工情况为杆上电工 4 人，2 人一组分别承担 I 回、II 回的绝缘子更换作业，地面电工 3 人（包括工作负责人），未设专责监护人。工作班成员任某（伤者）作为 49 号塔 II 回的 1 号电工，登杆挂好传递绳，此时 49 号塔 I 回一侧的作业也同时展开，地面电工忙于传递工具，1 号电工任某俯身穿越上相导线下方至中横担端部，当挂好绝缘滑车组准备返身去取导线后备保护绳时，头部对上相导线放电，当时就趴倒在横担上，脸部、肩部严重烧伤。图 15-4-2 为在 110kV 同塔双回线路带电更换绝缘子过程中发生的人员触电示意图。

（三）事故原因分析

1. 直接原因

（1）1 号电工任某（伤者）缺乏基本的自我保护意识，对现场违章指挥盲目服从，在安全距离难以保证、失去监护，又没有采取其他安全措施的情况下冒险作业。违反

了《电力安全工作规程》8.2.1 条"进行地电位作业时，人身与带电体间的安全距离不得小于表 8-1 的规定"。是导致事故的直接原因。

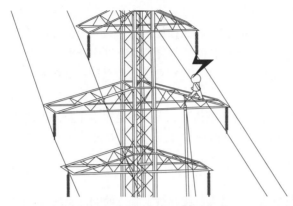

图 15-4-2 在 110kV 同塔双回线路带电更换绝缘子过程中发生的人员触电示意

（2）现场作业随意性强，在人员不足的情况下，工作负责人依然强行分组进行冒险作业，致使 1 号电工任某作业过程失去监护。违反了《电力安全工作规程》8.1.5 条中"带电作业应设专责监护人。监护人不得直接操作。监护范围不得超过一个作业点。复杂或高杆塔作业必要时应增设（塔上）监护人"的规定，是导致事故的重要原因。

（3）带电作业属高危险工作，工作负责人秦某作业前未进行现场查勘也未查阅相关资料，没有对现场工作环境、间隙距离等情况进行分析，未针对设备情况进行危险点预控，采取有效措施。违反《电力安全工作规程》2.3.11.2 第三款"工作前对工作班成员进行危险点告知，交代安全措施和技术措施，并确认每一个工作班成员都已知晓"的规定。也是导致事故的重要原因之一。

2. 间接原因

（1）工作班成员安全意识淡薄，违反了《电力安全工作规程》2.3.11.5 第二款"严格遵守安全规章制度、技术规程和劳动纪律，对自己工作中的行为负责，互相关心工作安全，并监督本规程的执行和现场安全措施的实施"对工作负责人秦某的违章指挥没有及时制止，未起到有效监督的作用，是导致事故的间接原因。

（2）作为班组安全第一责任者的带电班班长施某，事前没有坚持原则，在明知分组作业存在危险的情况下，仍然签发了工作票，纵容了工作负责人秦某的违章做法。事后也没有对作业进行跟踪和监督。违反了《电力安全工作规程》2.3.11.1 第三款"所派工作负责人和工作班成员是否适当和充足"的规定，是导致事故的间接原因。

（3）110ZGU2 鼓型铁塔塔头设计不合理，未充分考虑带电登杆检查、带电作业时人员的活动范围，也是导致事故的间接原因之一。

（四）暴露问题

（1）班组安全基础薄弱，安全管理的执行力欠缺。作为安全第一责任人的班组长没有坚持"安全第一、预防为主"的方针，反习惯性违章旗帜不鲜明。

（2）工作组织不严谨，安全预控措施流于形式。未进行现场查勘，没有对现场结线方式、设备特性、工作环境和间隙距离等情况进行分析，随意套用其他线路的"作业指导书"，未对"安全距离较小"等重要危险点采取控制措施，危险点分析预控流于形式。

（3）现场标准化作业管理不认真。人员不足冒险作业，工作负责人违反《安规》规定，直接参与工作，未尽到监护职责。

（五）防范措施

1. 安全措施

（1）认真吸取事故经验教训，强化规章制度的刚性和安全管理的执行力，杜绝习惯性违章，改变随意的作业习惯。带电作业现场应做到人员充足，监护到位。

（2）认真进行现场作业的危险点分析辨识，针对设备结构、作业特点，采取具有针对性的有效措施。

（3）加强现场作业人员的安全教育，强化技术培训，提高作业人员的安全意识和自我保护意识，通过技术培训，提高作业人员技术水平，培养良好的作业习惯，特别是带电作业人员的"安全距离"意识。

2. 技术措施

（1）对于110kV同塔双回线路等中横担的类似作业项目，可考虑设置绝缘挡板，以限制作业人员动作范围。

（2）改进作业工具和作业方法，110kV同塔双回线路可考虑采用作业人员不进入横担头的间接作业方式，以保证安全距离，降低作业风险。

（3）在推行线路典型设计时，充分考虑线路运行维护以及带电作业的需求，加大塔头间隙，使作业人员有足够的活动空间，从源头上杜绝因安全距离不足而导致事故的发生。

【思考与练习】

1. 导致"110kV线路带电断开引线过程发生的人身事故"的直接原因有哪些？

2. 针对"110kV线路带电断引线"，简述可采取的防范措施。

3. 导致"在110kV同塔双回线路带电更换绝缘子过程中发生的人员触电重伤事故"的直接原因有哪些？

第十六章

特殊带电作业项目

▲ 模块 1 输电特殊项目带电作业（Z07F10001Ⅲ）

【模块描述】本模块介绍作业程序复杂、难度比较大的大型输电带电作业项目。通过原理讲解和流程介绍，掌握带电调弧垂和带电更换 330kV 及以上整串耐张绝缘子的作业原理，工艺流程，了解杆塔升迁换、带电更换架空地线带电作业原理。

【模块内容】

所谓输电特殊项目带电作业是指带电调弧垂、杆塔升迁换、更换 330kV 及以上整串耐张绝缘子、带电更换架空地线等，相对常规项目而言，是作业程序复杂、难度比较大的大型输电带电作业项目。如果说常规基础项目输电带电作业主要围绕绝缘子的处理展开，那么输电特殊项目带电作业主要围绕对带电导线的处理展开，而且作业中更偏重于输电线路基建施工技术。

在目前日益完善的输电网络中，这些特殊项目带电作业开展频率不高，在本章节中仅作知识性的了解，侧重于掌握其作业原理，工艺流程。

一、带电调弧垂

运行中的架空输电线路导线、地线弧垂是否符合规程要求，直接关系到人身与设备的安全。弧垂过小、温度偏低，则导线、地线应力增大，当超过允许值后就会造成断线；弧垂过大、温度偏高，将引起导线对地或交叉跨越距离不够，造成事故。为保证线路安全运行，减少停电损失，有必要开展带电调整弧垂的工作。

最简单的调弧垂的方法是在耐张连接有调整板、满足调节裕度的情况下，直接用调整板调弧垂。如调整板调节裕度不足，则需要采用导线割接的方式调弧垂。具体的作业方法应根据割接线长计算结果、杆塔结构、导线排列方式等关键因素综合而定。可以选择耐张杆，也可以选择直线档弧垂点附近（如有直线接续管则应优先选择直线接续管处），为便于等电位电工紧线、断线、压接等高空操作，推荐采用绝缘平台带电作业方法。

由于架空输电线路导线截面通常在 300mm² 及以上，耐张绝缘子大多采用双联串形式，当在耐张杆塔上进行带电调弧垂时，分流引线将被安装在导线线夹外侧，这时分流引线的长度较长（紧线装置的有效行程必须大于切割计算线长+安装间隙+塑性延伸），必须做好安全可靠的固定措施，但又不能因此影响紧线、断线和压接等操作。

直线塔上电工按计算弧垂安装弧垂板，并将耐张段内各直线杆塔导线防振金具拆除，悬垂线夹松开，放入放线滑车内，此滑车有防止导线脱落的保险措施。调整导线弧垂示意如图 16-1-1 所示。

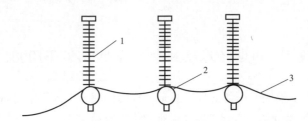

图 16-1-1 调整导线弧垂示意（调弧垂时直线塔放线滑车设置）
1—绝缘子串；2—滑车；3—导线

等电位电工均匀收紧液压紧线器或手扳葫芦，使导线弧垂达到要求数值，确认分流引线连接可靠后，划印、断线、重新压接耐张线夹或直线接续管，恢复耐张跳线连接，拆除分流引线、紧线装置等，直线杆塔重新安装或调整防护金具、防振金具和悬垂线夹。

调整相分裂导线的另一根子导线，方法与此相同。相分裂导线水平排列的弧垂，不平衡值不宜超过 200mm，垂直排列的间距误差不宜超过+20%或−10%。但一般而言相分裂导线的调整应视耐张串的组合形式确定，采用带电方式调弧垂事倍功半并不适宜。

导线、避雷线的弧垂误差不得超过+6%或−2.5%。三相不平衡值档距为 400m 及以下时，不得超过 200mm；档距为 400m 以上时，不得超过 500mm。

调整弧垂应注意的事项：

（1）一般采用导线卡具、丝杆（或液压紧线器）及绝缘子卡具的后卡组成收线装置的方法进行，并在耐张杆（塔）线夹处等电位作业。耐张段较长时，可在两侧耐张杆（塔）上分别调整。

（2）耐张段内各杆塔上的悬垂线夹应调整到预先计算好的位置，或者松开线夹将导线放入灵活的滑车内，此滑车应有防止导线脱落的保险措施。

（3）距离较长的耐张段在一侧调整弧垂，应使导线按预收量过牵引，然后回松，以保证各档弧垂变化一致。切除多余导线前，必须采取短接措施，且多余导线应保持对地和其他相的距离。

（4）调弧垂时，应配备完善的通信工具。

二、带电更换 330kV 及以上整串耐张绝缘子

紧线拉杆托瓶架法带电更换耐张整串绝缘子适用于 330kV、500kV 线路带电更换耐张双联整串绝缘子，如图 16-1-2 所示。

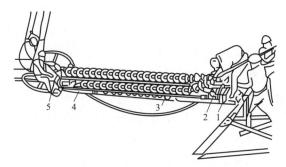

图 16-1-2　紧线拉杆托瓶架法更换耐张整串绝缘子
1—后端卡具；2—紧线丝杠；3—紧线拉板；4—拖瓶架；5—前端卡具

塔上电工携带传递绳登塔，将第一组传递绳装在绝缘子串后端金具上。检测盘形瓷质绝缘子，判断良好绝缘子满足作业所需，安装绝缘软梯。

塔上电工携带第二组传递绳登塔，在横担位置绑好腰绳后，由等电位电工携带绝缘绳，由绝缘软梯进入强电场，与导线等电位后，将绝缘绳装在绝缘子串前端金具上。

地面电工将小绝缘抱杆传递至塔上，由塔上电工配合将抱杆在作业点的横担上装好。

地面电工相互配合，用前后端传递绳将前后端卡具、紧线拉杆、托瓶架等工具分别传递至塔上，由塔上电工和等电位电工相互配合，在被更换绝缘子串的前后端金具上安装好。

塔上电工收紧 2 根拉杆上的收紧丝杠（或液压紧线器），使绝缘子串上的张力转移到 2 根拉杆上。

塔上电工和等电位电工分别拔开绝缘子串前后端曲线销，塔上电工将杆上的滑车组与绝缘子串后端连接好，然后摘开绝缘子串前端碗头和后端球头挂环，等电位电工和塔上电工配合，拉紧滑车组尾绳，使绝缘子串沿托瓶架滑动移向横担，分解绝缘子串，更换不良绝缘子。

按上述相反程序恢复绝缘子串，检查无问题后拆除全部工具，人员下塔，整理工具，结束工作。

上述操作方法由于使用了托瓶架、绝缘抱杆分解瓷瓶串法，整套工具显得十分笨重，对作业人员体能要求较高，在 500kV 耐张双联绝缘子串一般不选用该方法，更多不用托瓶架整串落地，以下简单介绍另一种作业方法。

塔上电工登塔，将绝缘滑车和绝缘传递绳在适当位置安装好。检测盘形瓷质绝缘子，判断良好绝缘子满足作业所需，安装绝缘软梯，等电位电工进入电场。

塔上电工在横担侧牵引板安装翼型卡前卡，等电位电工将均压环安装槽钢与三角联板连接处靠绝缘子串侧的 2 个紧固螺栓拆除，装上翼型卡后卡，配合安装绝缘拉杆。

等电位电工、塔上电工配合在横担侧施工预留孔和导线侧三角联板处的 U 型环上安装绝缘反束绳，等电位电工在导线侧第三片绝缘子上系绝缘反束绳。

塔上电工在横担和第一片绝缘子安装张力转移器和闭式卡，等电位电工在导线侧第一片绝缘子系绝缘子串尾绳。

塔上电工在双联另一侧联板安装绝缘传递绳，端部系在横担侧第三片绝缘子上，操作翼型卡具上的丝杆，使绝缘拉杆稍稍受力后，检查各受力点无异常情况后，继续收紧丝杆，直至绝缘子串与绝缘拉杆间的弧垂约为 300mm，收紧张力转移器，配合拆开球头挂环连接，松张力转移器使绝缘子串与绝缘拉杆间的弧垂约为 500mm。

地面电工收紧绝缘反束绳，配合等电位电工脱开碗头挂板与三角联板的连接螺栓，拉好绝缘子串尾绳，逐渐松绝缘传递绳，使绝缘子串旋转至自然垂直，换绳提升绝缘子串，配合塔上电工脱开张力转移器后将旧绝缘子串放至地面。

起吊新绝缘子串至横担作业位置，塔上电工在绝缘子串第一片绝缘子安装张力转移器和闭式卡，换绳将绝缘子串拉起，配合等电位电工恢复碗头挂板与三角联板的连接。

检查无误塔上电工松翼型卡丝杆，等电位电工与塔上电工配合拆除全部紧线工具，等电位电工退出电场。

塔上电工与地面电工配合拆除全部工具，恢复原样后人员下塔，整理工具，结束工作。

三、带电杆塔升迁换

杆塔升迁换一般属于大型带电作业，现场勘察内容包括杆塔周围的地理、地质条件，杆塔型号状况，杆塔高度和重量，导地线垂直荷载和张力，依据勘察结果编制作业指导书，具备完整的组织措施、技术措施和安全措施，完成施工交底。

在作业中，必须做到统一指挥、互相配合、步调一致。作业中应设专职监护人，监视作业人员及工器具对带电导线间的安全距离，随时提醒和纠正作业人员的不安全动作。绝缘滑车组、绝缘操作杆及绝缘绳索等绝缘工具，在作业中要保证其有效绝缘长度。

1. 加高塔身

（1）塔腿接长法。由于作业点相邻杆塔间存在高差和档距差，在顺、横线路方向设置稳固杆塔并能调整的临时拉线（超越导线的拉线应用绝缘绳）。起吊抱杆（2 组或 4 组）应根据杆塔荷重和塔腿结构设置。塔腿起吊绑点尽可能低些，绑点应合理补强。塔身起吊就位后倒装法组立铁塔，散搭塔腿加长部分。在整个施工过程中，需有专人用经纬仪监视塔身偏移情况，以便及时调整。塔腿接长法加高塔身示意如图 16-1-3 所示。

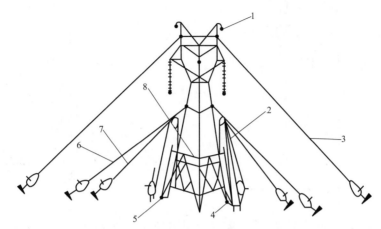

图 16-1-3　塔腿接长法加高塔身示意

1—地线线夹；2—起吊塔身抱杆；3—稳定塔身绝缘拉线；4—加强件；5—起吊绑点；
6—抱杆拉线；7—稳定塔身钢丝绳拉线；8—新加塔腿

（2）提升横担法。在杆顶组装地线支架后，用双行程丝杆紧线器代替吊杆承受横担荷载。用钢丝绳滑车组及人推绞磨分别将横担（连同导线）和叉梁提升到适当位置加以固定。使用钢丝绳等金属部件时，对带电体必须保持足够的安全距离。横担吊杆拆除后应固定在横担上，防止横担提升中碰触带电体。提升横担法加高塔身示意如图 16-1-4 所示。

（3）抬高基位法。在顺、横线路方向设置 2 层稳固杆塔并能调整的临时拉线（超越导线的拉线应用绝缘绳）。用杆塔两侧抱杆和手扳葫芦—滑车组整体起吊塔身至预定高度。挖开杆根泥土，提升杆塔至一定位置后，填土夯实地基，组装底盘，加固杆（塔）根。在整个施工过程中，需有专人用经纬仪监视塔身偏移情况，以便及时调整。抬高基位法加高塔身示意如图 16-1-5 所示。

2. 杆塔迁移

（1）轨道法（顺线方向）。顺、横线路方向应安装可调整的拉线（超越导线的拉线应用绝缘绳），其绑扎点需在杆塔的重心以上。横线路的拉线地锚在移位的起点和终点，不得产生纵向倒拉力。导线应挂在绝缘子串下的滑车内，并有防止脱落的保险措施。滑车上设辅助拉绳，以保证绝缘子串与塔身同步移动。原塔腿在离开塔基前，必须采取可靠的补强措施。铁轨铺设必须平整、稳固，宽度与塔腿根开相符。牵引钢丝绳的作力点越低越稳，但移位时应缓慢进行。塔身离位及就位宜采用液压千斤顶，且各腿的动作要协调同步。轨道法杆塔移位示意如图 16-1-6 所示。

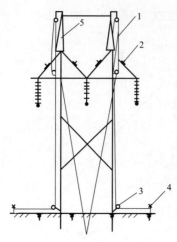

图 16-1-4 提升横担法加高塔身示意

1—钢丝绳滑车组；2—双行程丝杆紧丝器；

3—转向滑车；4—绞磨；5—地线铁支架

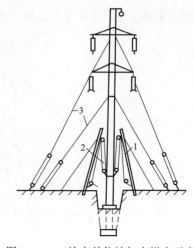

图 16-1-5 抬高基位法加高塔身示意

1—抱杆；2—钢丝绳滑车组；3—稳定塔身临时拉线

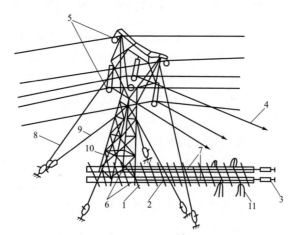

图 16-1-6 轨道法杆塔移位示意

1—枕木；2—轨道；3—手扳葫芦；4—辅助拉绳；5—滑车；6—牵引绑点；

7—牵引绳；8—绝缘拉线；9—钢丝绳拉线；10—加强铁；11—新塔基

（2）扩大根开。做好顺、横线路拉线（超越导线的拉线应用绝缘绳），稳固杆身。用双行程丝杆紧线器和三角滚动架吊住横担后，拆除横担与杆塔连接，并拆开叉梁的中间连接板，以便拉开杆根时横担能同步移动。用绞磨缓缓拉开杆根，同步调整临时拉线，直到杆根到达规定位置为止。恢复各处连接，拆除工具和拉线。绞磨拉开门型杆根开示意如图 16-1-7 所示。

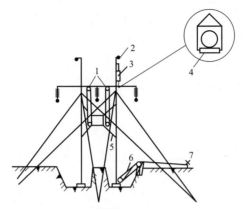

图 16-1-7　绞磨拉开门型杆根开示意

1—绝缘滑车组；2—地线；3—双行程丝杆紧线器；4—三角滚动器；

5—叉梁；6—钢丝绳滑车组；7—绞磨

3. 杆塔更换

一般更换直线杆塔采用新、旧电杆交替法或延长横担法，更换耐张杆采用新立临时杆塔导线移出法。其作业思路都是以常规输电线路杆塔架设技术为基础，结合对导线的带电转移需求确定作业程序，使用带电作业绝缘工器具替代常规施工工具，运用带电作业方法实现杆塔更换。

以下简单介绍加长横担法更换 35～220kV 线路导线垂直排列的直线鼓型铁塔或三角排列的直线上字型铁塔。

首先加长旧塔横担，一般使用绝缘横担，然后使用绝缘滑车组逐相将导线移至绝缘横担挂点处，接着在两边导线之间组立新塔。新塔组装好后，将旧塔上的架空地线移至新塔上安装好，再使用绝缘横担将新塔横担加长，将导线逐相移至新塔加长横担上，同步拆除旧塔该相加长横担。当旧塔上导线全部转移到新塔上、加长横担全部拆除后，即可进行旧塔拆除工作。旧塔拆除后，在新塔横担上挂好绝缘子串，再使用滑车组，将吊挂在加长横担绝缘滑车组上的导线恢复到新塔绝缘子串上，恢复导线工作自下而上进行，同步拆除新塔该相加长横担。

四、带电更换架空地线

与杆塔带电升迁换一样，更换架空地线也属于大型带电作业，由于其作业范围较大，现场分散，其现场勘察内容包括作业段的地理、地质条件，杆塔高度、型号、状况、地线状况、与带电导线的距离、地线张力等，依据勘察结果编制作业指导书，具备完整的组织措施、技术措施和安全措施，完成施工交底。

在作业中，必须做到统一指挥、互相配合、步调一致。作业中应设专职监护人，监视地线运动轨迹、作业人员及工器具对带电导线间的安全距离。绝缘滑车组、绝缘操作杆及绝缘绳索等绝缘工具，在作业中要保证其有效绝缘长度。

带电更换架空地线一般使用张力循环法和翻转滑车法，张力循环法适用于较长的耐张段，翻转滑车法适用于孤立档或较短的耐张段。以下仅介绍翻转滑车法，如图 16-1-8 所示。

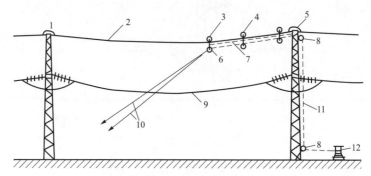

图 16-1-8　翻转滑车法更换 35～220kV 线路架空地线示意

1—挂线杆塔；2—旧架空地线；3—领头滑车；4—翻转滑车；5—放线杆塔；6—配重；7—连接绳；
8—滑车；9—带电导线；10—绝缘牵引绳；11—新架空地线；12—放线架

采用该法更换架空地线，使用的主要工具是翻转滑车。在新架空地线展放过程中，翻转滑车之间使用绝缘绳相连，一般每 10m 左右安放一个。最前面一个滑车称为领头滑车，领头滑车下面要加挂 10kg 左右的配重。领头滑车和翻转滑车样式如图 16-1-9、图 16-1-10 所示。

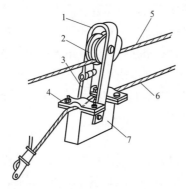

图 16-1-9　领头滑车样式

1—滑车架；2—滑轮；3—滑车门；4—固定板；
5—旧架空地线；6—新架空地线；7—配重

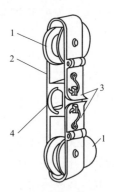

图 16-1-10　翻转滑车样式

1—滑轮；2—滑车架；3—滑车门；4—绑绳环